エネルギーの視点からみた放射線

Radiation: An Energy Carrier

強くて、恐いけど、怖くない

田辺哲朗
Tetsuo TANABE

九州大学出版会

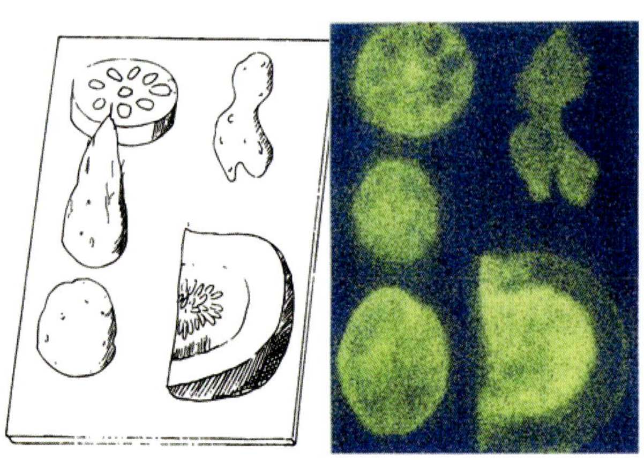

口絵１　根菜類（左図スケッチ）に含まれている ^{40}K の分布（右図）

黄色部分で放射能が高くなっている

口絵２　γ 線照射により着色されたガラス瓶

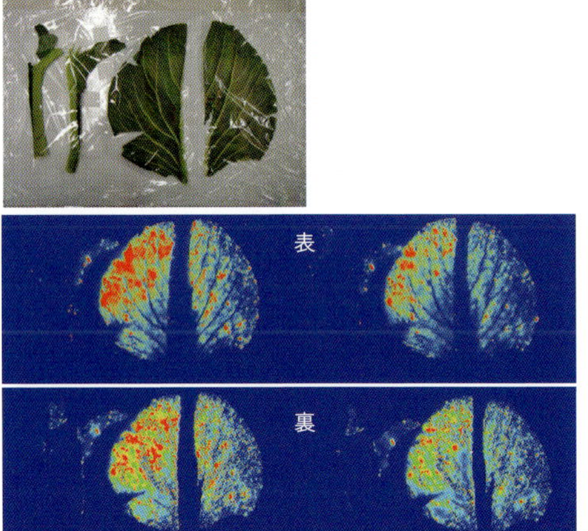

口絵３　福島市で４月４日に採取された小松菜葉上の、放射性物質の分布。放射線強度が高い所ほど赤く表示

［提供］東北大、吉田浩子博士

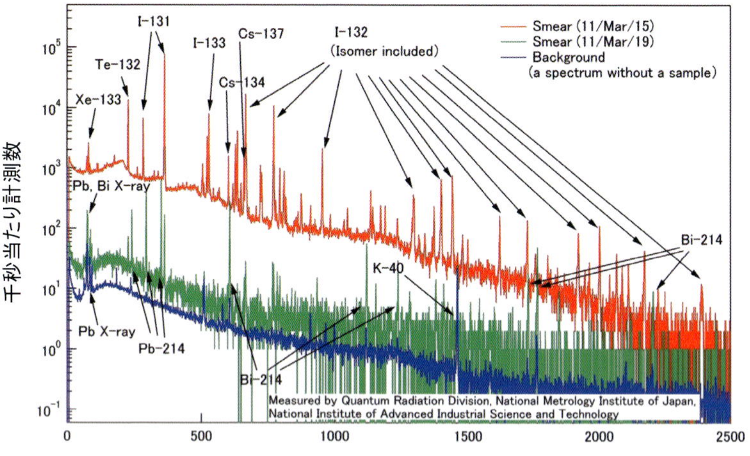

口絵４　福島原発から撒き散らされた粒子を、こすり取った試料を半導体検出器で測定した結果得られたエネルギー線の放出分布。青線はバックグラウンド（試料なし）の測定結果で、天然に存在する ^{40}K が検出されている

［出典］https://www.aist.go.jp/taisaku/ja/measurement/ 産総研つくばセンター

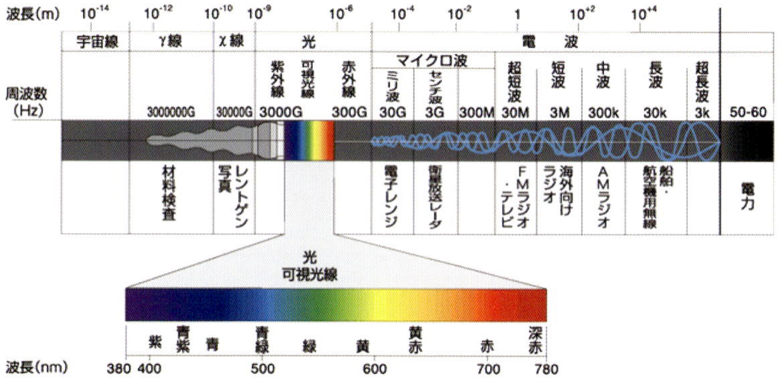

口絵５　電磁波のスペクトル

まえがき

この本は、これまでに出版されている放射線についての教科書とはいささか視点を変えて、放射線はエネルギーを運ぶものであることを理解していただいた上で、放射線は「恐い」けど「怖く」はないと思えるようになっていただくことを目的にしています。

放射線に関しては、現在までに、放射線物理学、放射化学、放射線生物学等の教科書として、また一般啓蒙書として沢山の書籍が出版されていますし、インターネット等でも多くの情報がとても簡単に得られます。巻尾にそれらのいくつかを列記していますので、ご興味のある方は是非ご参考になさってください。この本でも、それらから沢山の情報を得ております。しかしこの本のように放射線がエネルギーを運んでいるものであり、被曝とはエネルギーが与えられるものであることを出発点として放射線影響を議論した本は、多くはありません。出版されている多くの本では、放射線による目に見える生物影響が主なテーマになっており、目に見えにくい効果については議論されていない場合が多いようです。

この本では、放射線によってエネルギーがどのように与えられるか、また特に、エネルギーの大きさによってエネルギーをやりとりする仕組みが著しく異なることに焦点を当て、広い観点から放射線を理解していただけるようになることを目指しています。内容は簡単ではないかもしれませんが、執筆に当たっては、できるだけ正しい理解を得ていただけるよう努めました。

まず第1章を読んでいただければ、この本で書かれていることのおおよそが分かっていただけるようにしました。第2章以降では、第1章に記述したことを、もう少し詳しく、なるべく平易に、説明しています。とはいえ、その内容を理解するには、高等学校で教えられている程度の理科や数学の知識が必要かと思われます。まずは第1章を、そして第9章を読んでいただくと良いと思います。第2章から第8章は理解を深めていただけるように第1章の内容をより詳しく記述しております。また必ずしも続けて読んでいただかなくてもよいように、ほぼ独立の章としていますので、必要と思われる章を選んでいただければと思います。

第2章と第3章では線源について説明します。そして、第4章では放射線の物質への影響について、生物影響に限定せず、無機物（金属、共有結合性物質、イオン結合性物質）、有機物、そして生物に分け、損傷と回復の過程を統一的に理解できるようにしたつもりです。

第5章では被曝低減について述べています。その際に必須の、放射線の検出については第6章でまとめています。第7章では、この本の主題である放射線とはエネルギーを運ぶものであるとの観点から、放射線のもつエネルギーが実際に利用されている実例を述べています。日本では、医療分野での放射線利用が進んでおり、それによる被曝は年間の放射線被曝線量の半分以上になっています。これについては沢山の成書がありますので、この本では触れていません。

放射線とはエネルギーそのもの、あるいはエネルギーを運ぶものであることを理解していただけると、第８章で述べていますように、地球の歴史、生命の発展との関連がわかっていただけるものと思います。太陽エネルギーを利用することは、放射線を利用することであり、この際、太陽そのものと地球の大気が、人類には危険な（恐い）高いエネルギーの放射線を、エネルギーの低い有用な放射線に変換していることを理解していただくことは、非常に重要だと思っています。

この本を読んでいただくことによって、放射線は恐いけど、人類の英知でそれを制御し、利用していくことこそが、長期的にみて人類の存在を継続させる道であることに同意していただけることを望んでやみません。自然、すなわち太陽と地球の両方で、それが実現されているわけですから、人間にできないはずはありません。とはいえ、いかなるエネルギー源であろうと、それを多量に利用する際には、少なからずのリスク（廃熱と廃棄物による大気汚染、地球温暖化等：それらは公害といわれることが多いですが、公害ではなく私害ではないかと、議論が分かれるところですが）を伴うことを忘れてはなりません。

2017年12月

田辺哲朗

目次

第１章

放射線はエネルギーを運んでいる

1-1　放射線はこわい？

ほとんどの人は、放射線は「こわい」と言います。「こわい」を漢字で書きますと、「怖い」、「恐い」の両方が対応します。「強(こわ)い」という表記もありますが、放射線を「強(こわ)い」と感じる方はまずいらっしゃらないでしょう。元々「こわい」は「かたい」という意味で、そこから「つよい」の意味が生まれ、「つよい」から「近寄りたくない」といった感情を表すようになったもので、「怖い」も「恐い」も「強い」も語源は同じだそうです。ただし放射線の強度については、強いか弱いかを区別していますから、「強(つよ)い」放射線を「恐い」と思うのは、不思議ではありません。また後に詳述しますが、放射線のうち特にＸ線の場合に、エネルギーが高いか低いかで、それぞれ硬Ｘ線、軟Ｘ線と区別しますが、「強(つよ)い」ことを硬いといいますから、「強(つよ)い」と表現することも同様に不思議ではありません。

ことばの遊びのようで申し訳ないですが、「怖い」、「恐い」、「強い」は放射線を考える上で大変重要なことなのです。「強(つよ)い」と「強(こわ)い」との違いは理解していただけると思いますが、「恐い」と「怖い」との違いは、いわば感じ方の差で、以下に述べるように放射線を知っているかどうかの差から生じているようです。多くの場合「恐い」と「怖い」は同じ意味で使われますが、辞書等によりますと「怖い」は主観的な恐怖、「恐い」は客観的な恐怖を表すとされています。これに従いますと、多くの人にとって、放射線は得体の知れないものであり、「怖い」と感じているのだと思われます。またそれ故に「怖い」のでありましょう。さらに原子力関係者から安全だと言われても、「怖い」ものは「怖い」ので、安心はできず、「怖い」状態が続くようです。

この本は、放射線は「恐い」けど、「怖く」はないと思っていただけるようになることを目的としています。

不幸にして起こってしまった東京電力福島第一原子力発電所（以下、福島原発）の事故で、多くの人が住む場所を失っているのを目の当たりにすると、「怖さ」が増しているようです（事故は事故として受け入れなければなりませんが、放射線被曝による直接の影響が少なかったのは、不幸中の幸いといえましょう）。事故によって放射線は「怖い」と感じる人が増え、原子力発電所をなくしてしまった方が良いとする意見が増えているようです。実際に、日本中の原子力発電所がすべて止まった状態でも、電力不足は生じませんでした。そのためにどれだけの努力がなされたかはさておき、原子力発電で賄っていた電力のほとんどは、火力発電で賄われました。石炭火力、石油火力いずれも環境への問題と資源の問題からあまり望ましくはないですが、やむを得ないこととして受け入れたことになります。

地球温暖化は必ずしも炭酸ガスのせいではないと考えている科学者もおられますが、最近20年間の平均気温の上昇は地球の歴史から見れば異常なほど大きく、炭酸ガスによるものであると疑わざるを得ません。気温上昇は将来あるいは近未来には極めて「恐い」ことであるかもしれませんが、対策がとれるようになるはずだから、「怖く」はないということでしょうか。ともあれ、エネルギーをどこに求めるかを議論するのがこの本の目的ではありませんので、この議論は第9章で少し述べるだけに留めます。

福島の事故では、放射線の強い所から人間を排除し（避難させ）ました。放射線の強い所とは、新聞やテレビ等でおなじみのシーベルト（Sv）という単位で表される線量当量、あるいは空間線量（グレイ：Gy）または空間線量率（単位時間当たりのGy値：Gy/hourやGy/year等）の値が大きい所を指します。SvやGyについては後に詳しく説明します。放射線の影響を避けるには、放射線源あるいは放射能を持った物質から遠ざかるか、放射線を遮蔽する壁を設置して、放射線を通さないようにするしかありません。被曝を避けるための避難はやむを得ない処置だったわけです。ただし、どの程度の空間線量率なら危険かについては、科学的に確実な値をあげることはできません（これ以上なら危険、以下なら安心と言えるいわゆる閾値はありません）。確率的により安全なように選ぶのは人の常ですから、必要以上に低い空間線量率を安全の基準として選んだとしても、間違いとは言えません。とはいえ、低い値を選べば選ぶほど、皮肉なことに逆に放射線は危険だと思うようになる人を増やしてしまいかねません。

また、「放射線に被曝したものは、「放射化」されてしまう」との誤解が、誤解であるとは気づかずに広められて、福島から避難してきた子供のいじめの原因になったことが報じられています。放射線に曝されることにより、あたかも人が、他人から風邪の原因となるウイルスに感染するように放射化され（放射能が移り）、汚染が拡がっていくと考えられてしまうようです。これが全くの誤りであることは、放射線のことを理解していただければすぐにお分かりになるのですが、放射線のことをご存じない方にそのような誤解が植え付けられると、それが誤解であることを納得していただくことは容易ではありません。また風評として、広範に拡がった誤解を打ち消すことは容易ではありません。

かねてより、放射線のことを正しく知ることが大事で、それにより初めて、対処の仕方が分かるようになると言われ続けておりますし、それが間違いであるとは思われません。しかし、問題は、放射線のことを正しく理解すること、あるいは実際に理解できたのかを知ることが容易でないことにあります。

放射線については、巻尾にも紹介していますが、これまでに沢山の成書が出版されています。学問的には、放射線生物学により、放射線被曝による生物影響が議論されています。放射線の照射により現れた（観測できる）生物影響と、現れた生物影響の回復（能力）等が調べられています。現れなかった影響は調べることはできませんから、研究テーマにはなりません。それ故、放射線生物学の本を調べれば調べるほど、放射線は「恐い」という概念を強めてしまうかもしれません。「恐い」状態は「怖い」状態よりましかもしれませんが、どうすれば安心なのかを探る道筋を閉ざしてしまう懸念があります。

以上のような背景を前提に、この本では、放射線は「恐い」けど、安全に取り扱うことができるものであって、「怖く」はないと思っていただけるようになることを目的としています。

1-2　この本には何が書かれているか

この本では、放射線の物体への影響を述べる前に、放射線とはエネルギーを運ぶものの総称で、被曝とは放射線の持つエネルギーの一部または全部が生物体に与えられること、エネルギーの与え方は放射線源の種類や強さによって全くと言って良いほど異なること、また受け取る側である人体の器官によっても大きく異なることを理解していただけるようにしたいと思っています。その上で、放射線による物体への影響、ついで人体への影響を述べ、放射線の理解につなげたいと思います。

人間に限らずあらゆる物体は、絶対零度以上であれば、常時その周り（環境）との間でエネルギーのやりとりをしています。周りからの放射熱の吸収と自らの放射、周りの空気等との、それらを構成している分子が衝突してくることによるエネルギーのやりとり（熱伝達、熱対流など）です。放射熱吸放出の最もわかりやすい例として、赤外線ヒーターの利用、熱放射を検出するサーモグラフィーによる人体各所の温度測定等が挙げられます。熱伝達では、温水による加熱と冷水による冷却がわかりやすい例です。放射線は、後に述べますように、電磁波または粒子としてエネルギーを運んでおり、それらが物体に衝突する際、または物体に入射する際に、エネルギーのやりとりをします。「放射線のエネルギーのやりとり」と書くと奇異に感じられる方がいらっしゃるかもしれませんが、エネルギーの高い放射線が物体に入ってくれば、物体にエネルギーが与えられますが、エネルギーの低い放射線が物体に入ってくれば、放射線にエネルギーが与えられます（これはまさに物体の加熱と冷却です）。ここで議論する「恐い放射線」とは高いエネルギーを持った放射線で、被曝とは人体がそれに曝されてエネルギーを与えられることなのです。

どのようにエネルギーが与えられるかは、放射線の種類とそれの持つエネルギーと強度、そして放射線に衝突される側の物体の性質（無機物、有機物、生物）、そしてその密度や、温度等により著しく異なります。放射線と一口に言いますが、我々が扱う放射線の持つエネルギーは高い場合と低い場合で20桁程度以上差がある広範囲なエネルギー領域に亘っています。放射線影響を論じるような「恐い放射線」は上位10桁くらいの高いエネルギーを持つもののことで、下位10桁以下のエネルギーのやりとりは、人体に大きな影響はありません。

そこで、まず本節で、放射線に関して以下の４つの点について簡単に説明します。

(1)　放射線はエネルギーを運んでいるものであること

(2)　放射線のエネルギーの高低または大小と放射線の強度（強弱）について

(3)　同じエネルギーを運んでいる放射線であっても、その種類によっては物体に与えるエネルギーが大きく変わること

(4)　放射線を議論する際の物理量（単位）と放射線計測

これを頭にいれていただいた上で、1-3 節以降に記述しているエネルギーのやりとり

（ｉ）物質からのエネルギー放出（黒体放射から放射線の放出へ）

（ii）宇宙と自然放射線

（iii）放射線のエネルギー

（iv）放射性物質と人工放射線

（ｖ）放射線遮蔽

について読み進めていただけると分かりやすくなっているはずです。

1-2-1 放射線とはエネルギーを運んでいるものである

一般に「怖がられている放射線」とは、放射線と呼ばれるもののうちの一部です。放射線はエネルギーを運んでいるので、放射線というよりエネルギー量子線であると言った方が良いかもしれません。この本では第 2 章以降、放射線ではなくエネルギー量子線と記述しています。エネルギーの運び方には 2 通りあって、粒子（原子、原子核、電子等）の運動エネルギーとして運ぶ場合と、電磁波（電場と磁場が合体した波、光子ともいいます）として運ぶ場合とがあります。図 1-1 に粒子と電磁波の進行をモデル化し、その運ぶエネルギーを示しています。

どのような粒子（素粒子のような微小なものから、地球のような大きなもの）でもその並進運動のエネルギー ε は、質量を m、並進速度 v とすれば

$$\varepsilon = \frac{1}{2}mv^2 \tag{1-1}$$

で表されます（物質の場合は、並進運動エネルギー以外に、内部に様々な形でエネルギーを保持しています。これについては後章で詳しく説明します)。粒子はその大きさ、重さによって成り立ちが違い、呼び名はそれぞれ全く異なります。地球はもとより、人間のような物体、分子や原子、素粒子まで、放射線の場合は α 粒子、β 粒子などです。しかし運動エネルギーの表式は同じなのです。

一方電磁波の方は、その振動数（ν）または波長（λ）により、それが運んでいるエネルギー(ε)は

$$\varepsilon = h\nu = ch/\lambda \tag{1-2}$$

で与えられます。ここで h はプランク定数と呼ばれる定数でその値は 6.62607004×10^{-34} J/s、c は光速で 2.9979×10^8 m/s、ν と λ はそれぞれ電磁波の振動数と波長です。どのような波長でも電磁波の運ぶエネルギーはこの式で与えられます。

ここでエネルギーの単位を確認しておきます。最も一般的なのはカロリー（cal）ですが、物理や化学ではジュール（J）を使います。またエネルギーの高い粒子を議論する場合にはエレクトロンボルト（eV）を使います。相互の関係は 1 J = 0.24 cal = 6.24×10^{18} eV となります。J や cal と eV とで桁が大きく異なるのは、J や cal では物質はモル単位、すなわち 6×10^{23} 個の原子や分子の集合体当たりに対応したエネルギーであるのに対し、eV では粒子 1 個当たりのエネルギーになっているからです。化学エネルギーを議論するときには J/mol または kcal/mol が使われていることはご承知の通りです。また気体定数 R で物質の絶対温度（T）とエネルギー（E）との関係は E = RT で概算でき

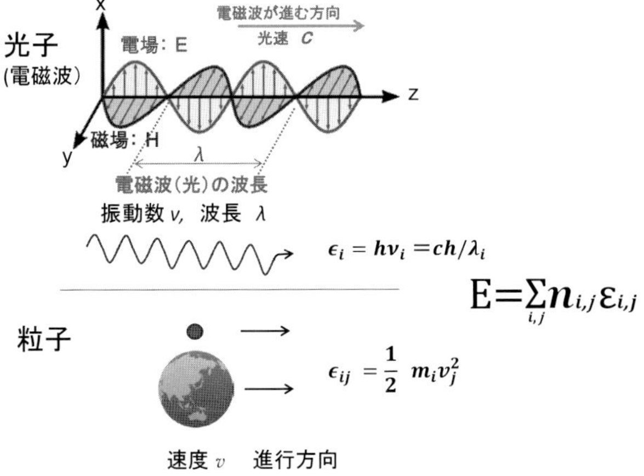

図 1-1　放射線（粒子と電磁波）とそれぞれの運ぶエネルギー

ます。ここで、気体定数は R = 8.3 J/K･mol = 1.38 × 10^{-23} J/K = 8.6 × 10^{-5} eV/K です。J/K･mol はモル当たり、J/K 及び eV/K は 1 粒子当たりになっています。ですから 1 eV のエネルギーを持った粒子で構成されている物質があったとすればその温度は、1 ÷ (8.6 × 10^{-5}) = 1.1 × 10^4 K すなわち約 1 万℃に相当することになります。通常放射線を構成する粒子または電磁波のエネルギーは eV で表現しています。またそのようなエネルギーの高い粒子または電磁波は、後に詳しく説明しますが、量子と総称されておりますので、放射線とは高いエネルギーを持ったエネルギー量子線であるとも言えます。

電磁波はその運ぶエネルギーによって呼び名が異なります。表 1-1 に電磁波の運ぶエネルギーとそれに対応した、波長、振動数及びその呼び名をまとめてあります（付録の「放射線についての Q&A」の問 5 に対する回答として図 A5 に同じことを図示してあります）。運ぶエネルギーの大きい方から、おおまかに γ 線、X 線、紫外線、可視光線、赤外線、マイクロ波、ラジオ波等と区別して呼ばれています。これは、歴史的には、それぞれ別々に研究や理解が進んだためで、すべて電磁波として同じ原理でエネルギーを運んでいることが分かるようになったのは 20 世紀になって量子力学が確立されてからです。表では小さい値から大きい値まで、おおよそ 20 桁に亘っていることがお分かりいただけます。

実は、量子力学により、エネルギーが高い状態では、電磁波も粒子のようにふるまうこと、また粒子も電磁波のようにふるまうこと、さらに両者は相互に変換可能であることがあきらかになり、それらを量子と呼んでいます。原子、電子、中性子はもとより、各種素粒子はいずれも質量を持つ量子です。電磁波は質量を持たない量子で、光子と総称しています。放射線とは沢山の量子の束で、放射線のことを量子線ということもあります。量子のエネルギーが大きいと、電磁波でも量子（光子）として、1 つずつの区別または識別ができます。1 量子が運ぶ最小のエネルギーはプランクの定数 10^{-34} J（10^{-15} eV）程度、最大は無限ですが、通常の「怖がられている放射線」では 10^{-12} J

表 1-1　電磁波の運ぶエネルギーと、それに対応した波長、振動数及びその呼び名

エネルギー		周波数（Hz）	波長	呼び名	用途
10 MeV	電離放射線			ガンマー線	医療
100 keV		3 EHz		X 線	非破壊検査、X 線写真
1 keV		300 PHz	1 nm	紫外線	消毒
10 eV		3 PHz	100 nm	可視光線	
0.1 eV	非電離放射線	30 THz	10 μm		
10 meV		3 THz	100 μm	赤外線	暖房機器
1 meV		300 GHz	1 mm	サブミリ波	
0.1 meV		30 GHz	1 cm	ミリ波	レーダー
10 μeV		3 GHz	10 cm	センチ波	衛星通信
1 μeV		300 MHz	1 m	極超短波	電子レンジ
0.1 μeV		30 MHz	10 m	超短波	FM 放送、テレビ放送
10 neV		3 x MHz	100 m	短波	民間無線、短波放送
1 neV		300 kHz	1 km	中波	AM 放送、アマチュア無線
0.1 neV		30 kHz	10 km	超超長波	海上無線
10 peV	電磁界	3 kHZ	100 km	極低周波	長距離通信
0.1 peV		60/50 Hz	10 Mm	商用電気	

1 EHz = 10^{18} Hz, 1 PHz =10^{15} Hz, 1 THz = 10^{12} Hz, 1GHz = 10^{9} Hz,
1 MHz =10^{6} Hz, 1 kHz =10^{3} Hz

(10 MeV) 程度ですので、実に20桁異なっていても、量子が運んでいるエネルギーを与える式は同じなのです。ただし、エネルギーが低い（小さい）と１つずつの識別は不可能になります。例えば水を扱っているときに、１つずつの水分子を扱っているわけではないのと同様です。音も波で伝わりますので、量子力学により量子化されており、「音子」と呼ばれます。ただし、その運ぶエネルギーは 10^{-6} eV 程度以下と非常に小さいので、放射線を扱うこの本では取り扱いません。

1-2-2　あらゆる物理・化学現象はエネルギーのやりとりで起こっている

ところで、物理・化学現象は必ずエネルギーのやりとりを伴っており、その出現する空間と時間はエネルギーの大きさにより異なります。表 1-1 は電磁波がその運ぶエネルギーにより、全く異なった物理現象となっていることを示しています。同様に、粒子もそのエネルギーによって引き起こす物理・化学現象が異なります。さらに重要なことは、量子のエネルギーが大きければその運動速度が速いので、エネルギーをやりとりする時間は短くなります。図 1-2 には、エネルギーのやりとりとして出現する物理・化学現象が、量子のエネルギーの大きさにより、どのように異なるかを示しています。

物質は中性子と陽子からなる原子核のまわりを核の中の陽子の数と同じ数の電子が取り囲んでいる原子、原子のもっとも外側の電子の相互作用で作られる分子や共有結合化合物やその結晶、分子また分子同士の引力で形成されている分子性結晶、多数の原子がそれぞれの最も外側の電子を共有

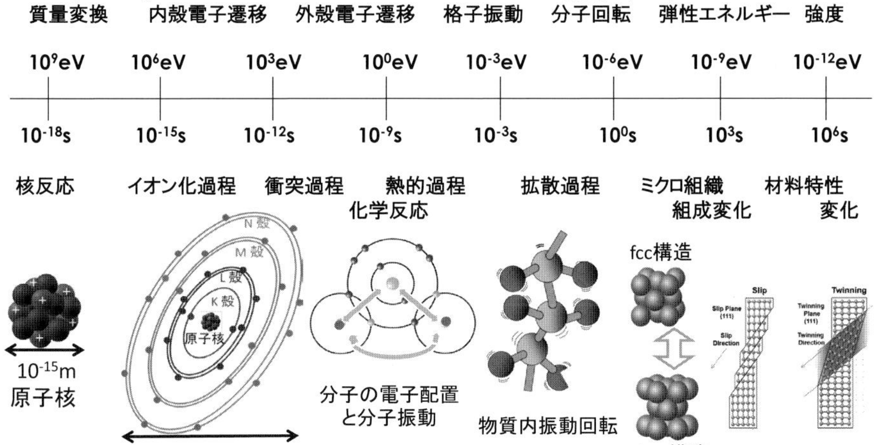

図 1-2 物理・化学現象とその際のエネルギーのやりとりとその時間

する金属でできています。有機物は高分子やそれらが複雑に絡み合って構成されていますし、生命体はさらに複雑な分子構造（原子の配列）でできています。生命の維持増殖に必須な DNA はご承知のように 2 重らせん構造をしており（第 4 章図 4-9 参照）、構造としては極めて脆弱で、0.1eV 程度のエネルギーが 2 重らせんを構成する分子の一部に与えられるだけで壊れてしまい、細胞の死に至ります。通常放射線（高エネルギー量子）はまばらにしか当たりませんので、DNA に直接量子が衝突してくることは希です。致死線量といわれるだけの放射線の照射を受けない限り、細胞の死から組織の死に至ることはありません。

原子核の中で陽子や中性子を結び付けている核力は 10^9〜10^6 eV で、通常の放射線はこの核が壊れたり（核分裂）、くっついたりする（核融合）ことにより余分のエネルギーとして放出されるものです。またエネルギーを一気に放出せず一旦核の中にためておき、その後時間をかけてそのエネルギーを放出するのが放射性同位元素です。この際のエネルギーの放出は、α 線、β 線、または γ 線、すなわち高いエネルギーを持ったエネルギー量子線放出になります。放出されたエネルギー量子線は、核に直接影響しないものの、原子や、原子に束縛されている電子と衝突しそれにエネルギーを与えます。原子内での電子の束縛エネルギーは、ウランのように多数の電子を持っている原子では正電荷も大きいですから、最大 0.1 MeV（100 keV）程度、最小で数 eV です。また分子を構成する原子同士の結合力もやはり数 eV 程度なので、エネルギー量子は数 eV 程度になるまで原子や電子との衝突を繰り返し、エネルギーを失っていきます。ここで注意しておきたいのは、原子間での数 eV 程度のエネルギーのやりとりは、化学反応そのものです。ですから、それよりやや大きいエネルギーのやりとりは、容易に化学結合を壊し、人体内でそれが起これば、危険です。それ故、それより大きいエネルギーを持ったエネルギー量子線は、ここで議論している「恐い」放射線ということになります。電磁波（γ 線、X 線、紫外線）についても同様です。数 eV より高いエネルギーを持った、あるいは紫外線より短い波長の電磁波は「恐い」放射線になります。

1 eV 以下になりますと、残っているエネルギーを分子や結晶内の原子の振動や回転運動に与えます。分子や原子の振動や回転は、その物質の温度となっているものですから、入射エネルギーは最終的にはすべて物質の熱（あるいは温度上昇）となります。エネルギーを失っていく途中で生成した電子には、エネルギーが与えられていますから、同じように他の電子にエネルギーを分け与え、最後に熱になります。先に述べたように物質を構成する粒子がすべて1eV のエネルギーを持ちますと物質の温度は１万℃程度になります。

言い換えると、エネルギー量子が運んでいる高いエネルギーが、物質中に入ると、様々なエネルギー変換過程を経由した後、最終的には熱エネルギー（物質の温度上昇）になるのです。図 1-2 にはエネルギー変換過程でみられる物理・化学現象の名前を、それが起こるエネルギーに応じた位置に示しています。エネルギー変換の際には、エネルギー変換が起こる空間（距離、体積）がエネルギーが減少するにつれて大きくなっていきます。またエネルギー変換の時間も長くなっていきます。図 1-2で、横軸にエネルギーと時間（秒(s)単位）が同時に示してあるのはこのためです。最終的には熱になりますが、温度が上昇する体積、あるいは質量の大きさは、入射する量子線の種類とエネルギーによって、全くと言って良いほど異なります。これが放射線の種類による放射線照射効果の現れ方の違いとなっています。これは第３章で詳述いたします。

1-2-3　被曝とはエネルギーが与えられることである

前項の記述から分かっていただけると思いますが、物体の放射線による被曝というのは、物体が多数のエネルギー量子（粒子または光子）に曝され（当てられて）量子の持っているエネルギーの一部または全部が物体に与えられることなのです。量子が運んでいるエネルギーの大きさと量子の数により、物体へのエネルギーの与え方が大きく異なります。これが放射線の理解を難しくしている一因です。

「やけど」は人体表皮に与えられたエネルギーが細胞を殺してしまうに十分な熱（温度上昇）となったとき、あるいは、表皮細胞の化学結合を壊すに適したエネルギーの電磁波（数 eV の電磁波で紫外線に対応します）を多量に浴びたときに発生します。

ところで、少数の高い運動エネルギーを持った量子に被曝した場合と、多数の低い運動エネルギーを持った量子に被曝した場合、与えられるエネルギーの全量は同じになり得ますが、そのとき、物体への影響は必ずしも同じにはなりません。具体的な例でいいますと、電磁波である γ 線は１光子として持つエネルギーは1 MeV 程度、これをジュール（J）で表しますと 1.6×10^{-13} J（1 J = 0.24 Cal）程度ですので、1,000 個の γ 線光子に被曝すると最大 1.6×10^{-10} J が与えられます。一方、可視光線は光子１個あたり 10^{-19} J 程度のエネルギーですので、10^{9} 個程度の光子に曝されると、1,000 個の γ 線光子と同じエネルギーになります。しかしながら、両者の人体への照射効果は全く異なります。例えば、1 MeV の γ 線の場合、γ 線光子 10^{6} 個程度に曝されると（曝される総エネルギーは 10^{6} MeV になります）被曝の影響が現れますが、可視光では１eV の光子がそれと同じ総エネルギーとなる６

$\times 10^{12}$ 個程度に人が曝されたとして、何も影響は現れません。

このように、浴びせられる（被曝する）量子数が多いか少ないかは（前項の議論でしていますように、1 MeV の γ 光子 10^6 個と 1 eV の可視光の光子 10^{12} 個との差）、放射線（エネルギー量子線）の強弱あるいは強度として区別されますが、両者が運んでいる総エネルギーは同じです（同じエネルギーを浴びせることになります）から、放射線（エネルギー量子線）の（運んでいる）エネルギーが大きい（高い）か小さい（低い）かとは、全く違うことなのです。

ここで、紫外線も多量に浴びすぎると「やけど」になる話を思い出していただきたいのですが、可視光線より少し高いエネルギー量子である紫外線は、紫外線光子が運んでいるエネルギーは γ 線に比べてはるかに低いですが、入射する紫外線光子数が多いと（言い換えますと紫外線を沢山浴びると）、全体として持ちこまれるエネルギーの総量が増え、日光浴が日焼けに留まらず、紫外線やけどに至ることになります。同じように、可視光よりも低いエネルギーの赤外線光子（赤外線）でも、多量に（強く）曝されるとやけどをすることがあります。これもまさに被曝する放射線の強度（単位時間に入射するエネルギーの大小）が大きくなることによって引き起こされるのです。

一般的に、運んでいるエネルギーの低い赤外線、マイクロ波、ラジオ波などでは、よほどそれらが強（量子数が多）くない限り、生体への影響はありません。しかし、γ 線や X 線は、局部に大きなエネルギーを与えるため、生体に影響しやすくなります（局部的にエネルギーを与えることについては後項（1-2-6項）で説明します）。このような生体に影響を与えやすい放射線が「怖がられている放射線」なのです。

繰り返しになりますが、上記のように、放射線による生体への影響（被曝効果）を考える際には、放射線（エネルギー量子）が運んでいるエネルギーが高い（大きい）か低い（小さい）かと、放射線の強度、すなわち、放射線を構成している量子の数の「多い」か「少ない」かとは、切り離して考えねばなりません。さらに、放射線が粒子である場合も、光子のエネルギー（γ 線、X 線、紫外線、可視光、赤外線）により照射効果は大きく異なるのと同様、粒子の種類（α 線、β 線、重粒子線のどれであるか）とそれの運んでいるエネルギーによって、大きく異なります。これについては 1-2-6 項で数式を使ってもう一度説明します。

1-2-4　同じエネルギーを運んでいる放射線であっても、その種類によっては物体に与えるエネルギーは大きく変わること

放射線被曝とは、生体が放射線に曝されることにより、放射線を構成する量子の持つエネルギーの一部または全部が与えられることで、この本の主テーマのひとつです。生体から見るとエネルギー吸収となりますので、放射線に曝されることにより与えられる生体への単位重量当たりのエネルギーを特に吸収線量と定義しています。本来は吸収エネルギーとして、その単位は J/kg で表されるべきものでしょうが、放射線の分野では、特に 1 kg あたり 1 J のエネルギーが与えられたときに 1 グレイ（Gy と表記し、1 Gy = 1 J/kg）という単位を使います。また単位時間当たりの吸収線量を吸収線量率といいます。吸収線量率の単位は時間のスケールにより Gy/s、Gy/h、Gy/y 等となります。ところ

でGyはJ/kgですから吸収線量率はJ/(kg·s)の単位を持ちます。J/sはパワー(仕事率)を表すワット（W）と同じなので吸収線量率はW/kgと同じになります。吸収線量（エネルギー）と吸収線量率（単位時間当たりの吸収線量（パワー））の違いはしっかりと把握していただきたいと思います。

さて放射線に曝された物質が吸収するエネルギー（吸収線量）は、量子の種類と、それに曝される（被曝する）物質によって大きく異なります。特に量子のエネルギー付与が人体に与える影響を調べるときには、量子線の種類やそのエネルギーによって異なる放射線荷重係数(W_R)を導入して、線量を補正した線量当量（Does Equivalent）と呼ばれているシーベルト（Sv）という単位を用いて被曝の大小を論じています。さらに、臓器の種類によってもエネルギーの吸収の仕方が異なりますので、人体組織それぞれに、放射線影響の重み係数を導入して、組織毎の差を補正しています。線量当量及び放射線影響の重み係数いずれもこの本の主テーマですから後に詳述します。人体に限って言えば、Svの値は、Gyの値から何桁も違うことはありませんから、一般的に放射線の影響を議論するときには吸収エネルギーGyで表現する方が良い、と筆者は思っています。これについては、1-2-6項と第2章で詳述いたします。

1-2-5　放射線を議論する際の物理量（単位）と放射線計測

1-2-5-1　放射線の運ぶエネルギー（JまたはeV）と単位時間に運ばれるエネルギーすなわちパワー（W）

放射線計測とは、単位時間当たりに計測器に入ってくる放射線を構成する量子の数(計数)、および個々の量子が持つエネルギーの分布と単位時間当たりに全量子が運んでいるエネルギー(パワー)のどれかまたはすべてを計測するものです。量子が持つエネルギー分布が計測できれば、それをすべて足し合わせれば総エネルギーとなり、単位時間当たりにするとパワーとなります。

ここで放射線に関する物理量、あるいは放射線源、放射能を表す物理量を整理しておきましょう。放射線とはエネルギーを持った量子の束です。個々の量子が持っているエネルギーはすでに述べましたようにジュール（J）またはエレクトロンボルト（eV）で表されます。そして量子が物体に衝突するときそれの持つエネルギーの全部または一部が物体に与えられ（または吸収され）ます。これは単位時間当たりで評価されますので、単位時間当たりのエネルギーのやりとり、すなわち、J/sすなわちワット（W）と表現されパワー（仕事率）と呼ばれています。実はこのエネルギーのやりとりを表現するパワーは、電力(W)と同じものなのです。ただし、放射線を扱う場合このパワーという表現はあまり使いません。しかし、放射線の被曝とは、エネルギーの流れ（パワー）に曝されることで、被曝時間と共に与えられるエネルギーが増えていき、電力では消費エネルギーはワット時（Wh）で表されていますが、時間を1秒単位で表示しますとWsすなわちJになります。

もちろん個々の量子の持つエネルギーは、「怖い」放射線といっても10^{-13}J程度です。通常、皆さんの周りを放射線検出器と称するもので計測しますと、計測器に入ってくる量子数すなわち、計数値は1秒当たり10カウント（10 cps）を超えるようなことはまずありません。すなわち検出器に到達する量子数は多くても毎分100個程度にしかなりません。従ってそれが運んでいるパワーは10^{-13} (J) $\times 10$ (s^{-1}) $= 10^{-13}$ W程度です。通常赤外線ヒーターでは1 cm^2 面積当たり数Wのパワーを放出していますので、10 cm 離れているとおおよそ 10^{-2} W/cm^2、あるいは 10^2 W/m^2 のパワーを受けることになります。この数値だけを比較すると、何故放射線が「恐い」のか疑問に思われるでしょう。

実はここで、どれだけの面積でそのエネルギーを受け止めるかにその謎を解く鍵があるのです。エネルギー量子の大きさは1ナノメーター（1 nm = 10^{-9} m）以下です。仮に 10^{-14} J のエネルギーを持つ量子が1秒間に1個、半径1 nm の円に入射しそのエネルギーを与えたとしますと単位面積当たりのパワーは、10^{-14} W を円の面積（3×10^{-18} m^2）で割りますので、3×10^4 W/m^2 になります。赤外線ヒーターの数 10^2 W/m^2 と比べると、実に100倍ものパワーが、3×10^{-18} m^2 という超微小領域に与えられることになります。これこそが放射線が恐い理由なのです。量子線に被曝しても、もしエネルギーが広く分散して与えられるのであれば何事も起こらないようなパワーにしかなりません。ところが、実際には非常に局部的に大きなパワーが与えられるため、生体でみれば容易に細胞の破壊に至るのです。

実際問題として、入射する量子の計数値が1 m^2 当たり 100 cps あったとしても、（これは空間線量率でおおよそ1 µSv 程度になります）、その影響は、$100\times3\times10^{-18} = 3\times10^{-16}$ m^2 の極小面積に留まることになります。人体に影響が出ると言われる1 Sv、すなわち1 µSv の 10^6 倍の線量率の被曝をしましても、実際に量子にさらされる面積は 3×10^{-10} m^2、直径約 20 µm の円程度にしかなりません。とはいえ、人体では量子は深さ方向にもエネルギーを与えていきますので、まさに直径 20 µm 程度の針で人体を貫くように局部が痛めつけられます。針で刺されると痛みを感じますが、残念ながら量子が入射したところで痛みを感じることはありません。まさに放射線は目に見えない、感じられないと言われる所以です。

放射線の被曝とは、水中で水圧のように均一にパワーまたはエネルギーが与えられるのではなく、不均一にかつ極微小領域に大量のパワーまたはエネルギーが与えられることなのです。ですから、エネルギー量子が入射する場所によってその影響が異なることも分かっていただけるかと思います。運悪く重要な器官に入れば、大事になりますが、一方で手足の先ならば、人体にはあまり大きな影響はないかもしれません。このように、低い線量率での被曝では、実際にエネルギーを与えられる領域は局部的で、その領域が何でできているかによって影響は大きく異なります。線量率が増えるにつれ、その領域が増えるのです。ともかく、1 Sv 程度の線量の被曝になりますと、明らかに被曝の影響が出るようになります。

上記の計算では、あくまでも理解をしやすくするために概算値を使っています。何度も述べていますように、量子の種類、エネルギー、被曝する物体によって、被曝線量率は変わりますので、概算値に1桁程度の不正確さがあることはどうかご容赦ください。

1-2-5-2　線量と線量当量

前項でも述べましたが、放射線被曝とは生体が放射線を構成するエネルギー量子に曝されることにより量子の持つエネルギーの一部または全部が与えられることで、どのようにエネルギーが与えられるかを分かっていただくようにするのもこの本の主テーマです。先に述べましたように、量子のエネルギーがすべて、物体に与えられるわけではありません。またエネルギーの与え方は、量子の種類、そのエネルギー及び受ける側の性質によって大きく異なります。被曝したほうから見れば、エネルギーが付与されたまたはエネルギーを吸収したことになりますので、放射線に曝されることにより与えられる人体への単位重量当たりのエネルギーが、被曝の指標になります。放射線の分野では、吸収エネルギーを吸収線量と呼んでおります。その単位は単位重量当たりのエネルギーですから、当然J（ジュール）/ 質量となりますが、先に述べましたように放射線を扱う場合は特に1kgあたり1Jのエネルギーが与えられたときに1Gyという単位を使います。

繰り返しになりますが、人体への吸収線量はエネルギー量子の種類、そのエネルギーによって大きく異なりますので、量子の種類やそのエネルギーによってそれぞれ異なる放射線荷重係数（W_R）を導入して、吸収線量（Gy）を線量当量（Does Equivalent、Svという単位で記述されます）という単位に変換して、被曝の大小を論じています。さらに、臓器の種類によってもエネルギーの吸収の仕方が異なりますので、人体組織それぞれに、放射線影響の重み係数を導入して、組織毎の差を補正しています。線量当量及び放射線影響の重み係数いずれもこの本の主テーマですから第2章で詳述いたします。

私見ですが、放射線の被曝によるエネルギー吸収量を、ことさら、Gyという単位を投入して記述することにより、放射線被曝とはエネルギーが与えられるあるいは吸収することであるという事実とは異なり、被曝すなわち全くわけの分からないものに曝されるという感じを与えてしまうのではないかと危惧しています。さらに線量を線量当量（Sv）という値に変換して被曝影響を議論することは、放射線及び放射線の生物影響等の研究の進展により必然的に導入されたものかもしれませんが、放射線影響の本質であるエネルギーの吸放出であることを見失わさせ、誤解や混乱を与えかねません。線量当量で記述せず、放射線を構成する量子の種類を同定した上で、それによる吸収エネルギー（Gy）を測定または算出し、その上で臓器による影響の差異を加味して、議論する方が良いのではないかと思っています。簡易放射線計測では、計数率の計測は容易ですが、量子の種類の同定やそのエネルギー分布を測定することが難しいので、あらかじめ量子の種類をγ線と仮定し、計数率から線量当量を導くプログラムを組み込んだものが、簡易線量計として使用されています。Svの意味を正しく理解した上で、その値を利用していただきたいと思います。これについては第6章でもう一度議論します。

1-2-5-3　放射線を構成するエネルギー量子数

次は放射線を構成するエネルギー量子の数についてです。放射線計測とは、計測器に入射するエネルギー量子の種類、その数が、そして量子線のパワーがどの程度であったかを測定するものです。通常、検出された量子の数をcps（counts per second: 1秒当たりの計数率）あるいはcpm（counts per minute: 1分当たりの計数率）として表していますが、これはまさに計測器が1秒間あるいは1分間に何個の量子を検出したかを示すものです。

一般的には、放射線源からはエネルギー量子が全方位に放出されますから、計測器の幾何学形状を考慮して、仮に全方位で計測したとする補正を加えると、単位時間当たりの線源から放出された量子の数が見積もられます。通常、放射線源からの単位時間当たりの量子放出数 (cps) を、ベクレル（Bq）という単位で表しますので、放射線源の強さを、単位質量当たりあるいは単位体積当たり、Bq/kg あるいは単位質量当たり Bq/m^3 などで表し、放射能と言っております。

線源が放射性同位元素である場合は、各方位に均等に量子を放出しますが、人工放射線発生装置や、線源が複数あったりすると、方位により検出される量子数が異なります。計測したい空間で測定された単位時間当たりの量子の数を Bq で表します。1秒当たり単位面積に降り注ぐ、あるいは通過する量子の数として評価すると Bq/m^2 と記述されます。

ここでも、線源の強さ（Bq/kg あるいは Bq/m^3）と、受ける側での線量（Bq/m^2）とは、線源から放出された放射線が通ってくる空間の効果、受ける側の面積等により異なりますので、注意しなければなりません。

1-2-6　放射線エネルギーの大小または高低と放射線の強度について

放射線を議論する上で、しばしば混乱されて使用されている言葉が、それの運ぶエネルギーの大きさ（高さ）と強さです。「大きさ」と「高さ」という表現も混乱を与えるかもしれません。物理学を学んだ人は、高エネルギー物理学（High Energy Physics）という言葉になじんでおられるので、エネルギーが高い、低いは、エネルギーを表す数値が大きい、小さいに対応していることがすぐ分かると思いますが、高いと大きい、低いと小さいが、それぞれ同義語として、数値が大きいこと、小さいことを表現するために使われています。さらに、日本語では「大きい」あるいは「高い」と「強い」とが、また「小さい」あるいは「低い」と「弱い」とが同義語として使われることもありますので混乱を深めているかもしれません。放射線を扱う場合は、放射線のエネルギーは大小あるいは高低で、放射線の強度については「強弱」の表現を使い、区別するようにしてはいますが、必ずしも理解されていないようです。

前項までは、(1) 放射線とはエネルギーを運んでいる量子（エネルギー量子）で構成されていることであり、(2) 被曝とは、エネルギー量子線（放射線）に曝されてエネルギーが与えられることである、と説明してきました。またそれ故、エネルギー量子の数とその運ぶエネルギーに着目していただけるよう議論をしてきました。しかし、数式を使っていないため、分かりにくかったかもしれません。幸い、前項までに、数式を使って説明するために必要な物理量をすべて紹介しましたので、本項では数式を使って、前項までの議論と重複することになりますが、今までの議論を整理し、理解を深めていただけるようにします。

放射線影響とは、エネルギー量子がそれのもつエネルギーを物体に与えることにより、その物体内に引き起こされる何らかの変化のことです。第2章で物体へのエネルギーの付与については詳しく説明しますので、ここでは、その最初の過程、エネルギー量子が物体に持ちこむエネルギーまたはパワーについて説明し、「放射線エネルギーの大小または高低と放射線の強度について」理解を深めていただけるようにしたいと思います。

式（1-1）および式（1-2）から、沢山のエネルギー量子が存在しているときに、それらが持って（運んで）いるエネルギーの総和（全エネルギー）E は、量子が粒子であるか光子であるかによって

異なり

$$\mathrm{E} = \sum_{i,j} \frac{1}{2} m_i v_j^2 \quad \text{または} \quad \mathrm{E} = \sum_i h\nu_i = \sum_i ch/\lambda_i \tag{1-3}$$

で表されます。量子が粒子の場合は、質量の異なった粒子（iでその違いを表現）がそれぞれに異なった速度（jでその違いを表現）で運動しているのに対して、量子が光子の場合は、振動数が異なるだけです。運ばれているエネルギーは、vやνが大きい場合だけでなく、vやνが小さくても量子数iが多いか、速度あるいは振動数が多ければ大きくなります。量子の持つエネルギーが大きい（高い）場合と、放射線の強度が強い場合との差は、数式で書けば明らかなのですが、運んでいる全エネルギーの大小だけでは分からないのです。

通常は量子の種類は特定できますので、それの運ぶエネルギーは

$$\varepsilon_j = \frac{1}{2} m v_j^2 \qquad \text{または} \qquad \varepsilon_i = h\nu_i \tag{1-4}$$

となります。

次にエネルギー量子線源が、(a)空間に均一に分布している場合と、(b)有限の体積を持っている場合に分けて議論します。

(a)　エネルギー量子線源が空間に均一に分布している場合

仮にすべてのエネルギー量子が単位体積当たり$n(\varepsilon)$で表されるエネルギー分布（個／(m^3·J)）に従って存在していたとすると、すべての量子の持つエネルギーの総和は、

$$\mathrm{E} = \int \varepsilon \times n(\varepsilon)\, d\varepsilon \qquad (\mathrm{J/m^3}) \tag{1-5}$$

で与えられます。ここでご注意いただきたいのは$n(\varepsilon)$の単位です。エネルギー分布とは、横軸をエネルギーとして縦軸にそのエネルギーに対応した量子数をプロットしたものですが、量子数を全エネルギーで足し合わせると、全量子数になるようにしていますので、

$$N_0 = \int n(\varepsilon)\, d\varepsilon \qquad \text{個}/(\mathrm{m^3 \cdot J}) \tag{1-6}$$

となり、$n(\varepsilon)$は先に述べた（個／(m^3·J)）という単位となるのです。

もしエネルギー量子線源が、ある物体の周りの空間に均一に分布していたとしますと、その物体には単位時間に単位体積当たり式（1-5）で与えられるエネルギーが入り込みます。それを物質の重さで乗じれば吸収線量と同じ単位 Gy (J/kg) になります。もちろん物質に全エネルギーが吸収されるわけではありませんので、吸収されたエネルギーが分かれば、吸収エネルギーすなわち、吸収線量あるいは被曝線量となります。第6章で説明するポケット線量計等では、人体への被曝を前提に、この吸収係数の補正を加えて、空間線量（Gy）または空間線量当量（Sv）として表示するようになっています。単位時間当たりに換算しますと Gy/s, Gy/h, Gy/y あるいは Sv/s, Sv/h, Sv/y となります。一般に使用されている線量計は積算線量を表示するようになっていますので、通常の放射線の測定器のように、単位時間当たりの計数率あるいは線量率として表記するものとは違うことにご注意ください。

(b)　エネルギー量子線源が限られた体積である場合

自然放射能は空間にほぼ均一に分布していますが、実際の被曝では限られた体積を持ったエネルギー量子線源によることがほとんどです。この場合、エネルギー量子の進行方向あるいはエネルギー量子がどこからくるかを考慮する必要があります。すなわち被曝により物質に与えられるエネルギー

を論ずる際には、単位面積当たりにどれだけのエネルギー量子が物質に入射し、それらがどれだけのエネルギーを物質に与えるかを議論することになります。

上記の$n(\varepsilon)$は単位体積当たりに存在する量子数のエネルギー分布ですが、エネルギー量子が単位面積当たりに入射する数はフラックス（束）と呼ばれ、そのエネルギー分布は通常$\phi(\varepsilon)$（個／(J･m^2･s)）と表されます。フラックスの積算値

$$\Phi_0=\int\phi(\varepsilon)d\varepsilon \qquad (\text{個}/(\mathrm{m}^2\cdot\mathrm{s})) \tag{1-7}$$

は単位面積に入ってくるエネルギー量子の総数になりますので Bq/m^2 に相当するものになります。

エネルギー量子がフラックス$\phi(\varepsilon)$で単位時間、単位面積に持ちこむエネルギーは

$$\mathrm{P}=\int\varepsilon\times\phi(\varepsilon)d\varepsilon \tag{1-8}$$

となります。ここで、その単位は J/(m^2･s) となり、J/s はパワーを表す単位なので書き換えると W/m^2 です。

最も単純な例としては、N_0 個のエネルギー量子がすべて一定エネルギー ε_0 を持って単位面積に入射すると、単位時間当たりに与えられるパワーは $\varepsilon_0\cdot N_0$ (W/m^2) となります。

エネルギー量子線に被曝すると、パワーが与えられ、時間で積算するとエネルギーとなり、それらのうち物質に吸収されたものがそれぞれ吸収線量率 (Gy/s)、吸収線量 (Gy) となるのです。個々の量子のエネルギーが大きい場合あるいは入射フラックスが高い場合のどちらも入射パワーは大きくなりますが、個々の量子の運んでいるエネルギーの大きさが違うと、被曝による影響も異なります。

これにより、放射線を議論する上で、しばしば混乱されて使用されている、放射線の運ぶエネルギーの高さ（大きさ）と強さを、しっかり区別することができます。すなわち、式（1-8）で、エネルギー量子の運んでいるエネルギー ε が大きいか小さいか（または高いか低いか）、量子のフラックス ϕ (ε) が多いか少ないか（高いか低いか）と区別します（数値の大小関係を、高い低い、大きい小さい、強い弱い、のどれで表現するかには厳密なルールはなさそうです）。

結果として、入射するパワーが大きいか小さいかが決まりますが、エネルギー量子線による被曝（エネルギーまたはパワー付与）の影響を論じるときに、エネルギーやパワーで比較することには注意が必要です。上記の議論で分かっていただけるように、同じエネルギーまたはパワーの被曝を受けても、個々の量子の運んでいるエネルギーが異なれば、その影響は同じではありません。また、同じ被曝線量（総吸収エネルギー）でもパワーの低い線量率で長時間被曝した場合と、パワーの高い被曝線量率で短時間被曝した場合とでは、被曝の影響が異なることも理解していただけると思います。吸収線量（Gy）から線量当量（Sv）に変換しているのは、エネルギー量子の種類とその運んでいるエネルギーの違いにより被曝効果が異なるからです。

以上の議論をもう一度まとめてみます。

まずエネルギー量子線源から放射される単位時間当たりのエネルギー量子数は Bq で表示されます。そこで仮に、線源からの全放出量が $\mathrm{N_{source}}$ Bq だとします（放射性同位体からの放射だと半減期に従って時間と共に減少していきますが、短時間では一定とみなせます）。一方放射される量子のエネルギー ε は必ずしも一定ではなく、エネルギー分布 $\mathrm{n_{Source}}(\varepsilon)$に従って放射されます。この場合両

者の関係は（1-6）式に従って、

$$N_{Source} = \int n_{Source}(\varepsilon)\,d\varepsilon \tag{1-9}$$

となります。また放射される全エネルギー E_{Total} は（1-5）式に従って

$$E_{Total} = \int \varepsilon n_{Source}(\varepsilon)\,d\varepsilon \tag{1-10}$$

となります。

一方、この量子線に曝される物体（主に人）が受ける量子数もBqで表示されます。仮に単位時、単位面積当たりに受ける量子数（フラックス）は $\phi_{Target}(\varepsilon)$ だとしますと、(1-7) 式と同様に

$$\Phi_{Target} = \int \phi_{Target}(\varepsilon)\,d\varepsilon \tag{1-11}$$

また、物体に入射してくるパワーは

$$P_{Target} = \int \varepsilon \phi_{Target}(\varepsilon)\,d\varepsilon \tag{1-12}$$

これが重さM kgの物体に全部吸収されたとしますと、吸収線量率は P_{Target}/M（Gy/s）となります。入射パワーの一部しか吸収されなかった場合、吸収係数kを導入して吸収線量率 $P_{Absorbed}$ が

$$P_{Absorbed} = k \times P_{Target}/M \tag{1-13}$$

で与えられます。

ここで問題は、線源からの放出パワー（エネルギー）とそれが物質に到達したときのパワー（エネルギー）との関係です。エネルギー量子線と物体との間には（両者が密着していない限り）空間がありますので、線源と物質の両者の幾何学的形状と配置、および放射されたエネルギー量子が通過する空間を満たす物体が何かによって、物体に付与されるパワーが異なります。また、量子が物体に進入した後の吸収係数も関係します。これらの補正を加えることにより被曝線量から吸収線量への変換、さらには線量当量への変換になっているわけです。線源と被曝する物体との幾何学的関係については、第2章2-2節であらためて詳述しています。

1-3　物質からのエネルギーの放出（黒体放射から放射線の放出へ）

歴史的には、黒い物体（可視光を放出しない物体は黒く見えます）であっても、高温になると赤外線を放出することを見つけ、それを放射（または輻射、英語ではRadiation）と呼びました。これは1859年にグスタフ・キルヒホフが発見し、1900年にマックス・プランクが放射される光の温度依存性を示す理論式（プランク分布）を与え黒体放射と呼んでいます。図1-3にこの黒体放射により放出される光の波長分布の温度による変化（プランク分布）を示してあります。5,000℃程度までは放出される光の波長は連続的に分布しており、物質の温度が高くなればなるほど、放出される光の波長が短くなります。実際に放射される光の、波長による強度変化は、物質によって異なりはしますが、物体の温度が絶対零度より高ければ、放射は必ず起こっています。国際空港での入国の際に、体温の高い人（病気の可能性のある人）をチェックできるのもこの放射が計測できるからです。人の体温が一定に保たれるのは、体内の炭水化物等の燃焼（代謝と言われます）で発生するエネルギーと外部から入射するエネルギーとの総和と、体が放射する全エネルギーが釣り合っているから

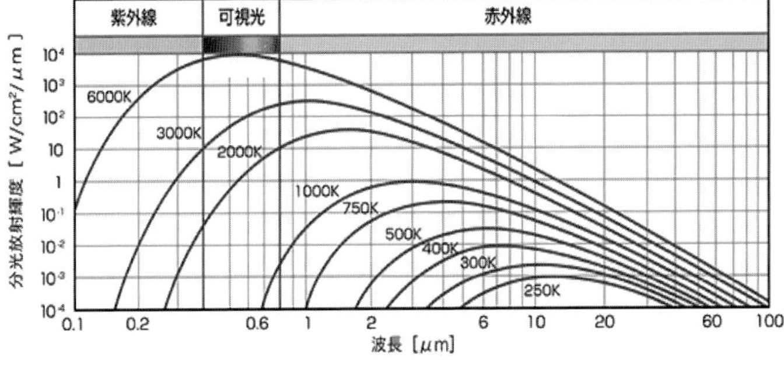

図 1-3　黒体放射により放出される光の波長分布の温度による違い

です。激しい運動をすれば代謝が上がり、発生するエネルギーが大きくなりますから、発汗により汗を蒸発させて（その際蒸発熱をとられることにより）体温を下げる（エネルギーの吸放出のバランスを取る）ようにしていることは、ご存知の通りです。もしこのバランスが保てなくなり、冷却が不足すると熱中症になったりするわけです。

地球は太陽からエネルギーをもらうと同時に、エネルギーを宇宙空間に放射しています。間違わないでいただきたいのは、スペースシャトルの飛行士が見る地球が青いことと（それ故地球は「Blue planet」と言われていますが）、地球からの宇宙への放射とは違うことです。地球が青く見えるのは、地球表面からの放射によるものではなく、太陽光の一部（主として青い光）が、地球の上空で反射されていることによるものです。地表から放出される光は、－17 ℃程度の物体が放出する赤外線、遠赤外線とほぼ同等のものです。もしこの宇宙への放射がなかったら、地球はどんどん暖まっていきます。地球が温暖化するのは、温室効果ガスによってこの放射の一部が逃げられなくなってしまっているからなのです。

図 1-4 左上図は太陽からの放射線の波長（エネルギー）分布で、薄灰色は大気圏外での、濃灰色は地表での分布です。太陽からの放射線の波長分布で、小学校で教えている太陽の表面温度5,750 ℃は、この分布が5,750 ℃の黒体からの放射とほぼ同じ波長分布になっていることに基づいています。右上図の濃灰色は地球からの放射で、その波長分布は薄灰色で示した 250 K（－17 ℃）程度の黒体放射に似ています。太陽からのエネルギー入射と、自らの宇宙へのエネルギー放射で、地球の平均温度は－17 ℃程度に保たれていることになります（もちろん地表では20℃程度、1万メートル上空では－40 ℃程度と、温度分布がありますが、－17 ℃はあくまでもエネルギー収支から算出した地球の平均温度です）。

大気には様々なガスが含まれています。図 1-4 の右上図で示されているように、それぞれのガスは、決まった波長の光を吸収します。これにより、地表に届く波長分布が乱されますし、放射する波長分布も乱されます。もともと存在している水や酸素、窒素等による影響は織り込み済みですが、特に二酸化炭素の吸収が、放射される光の強度が最大の波長付近にあるため、大気中でのその増加は、地球からの放射を抑え、ひいては温暖化を導くものとされているわけです。

1 万℃程度以上になると、放射される光の波長は非常に短くなり、目に見えない紫外光が増えて

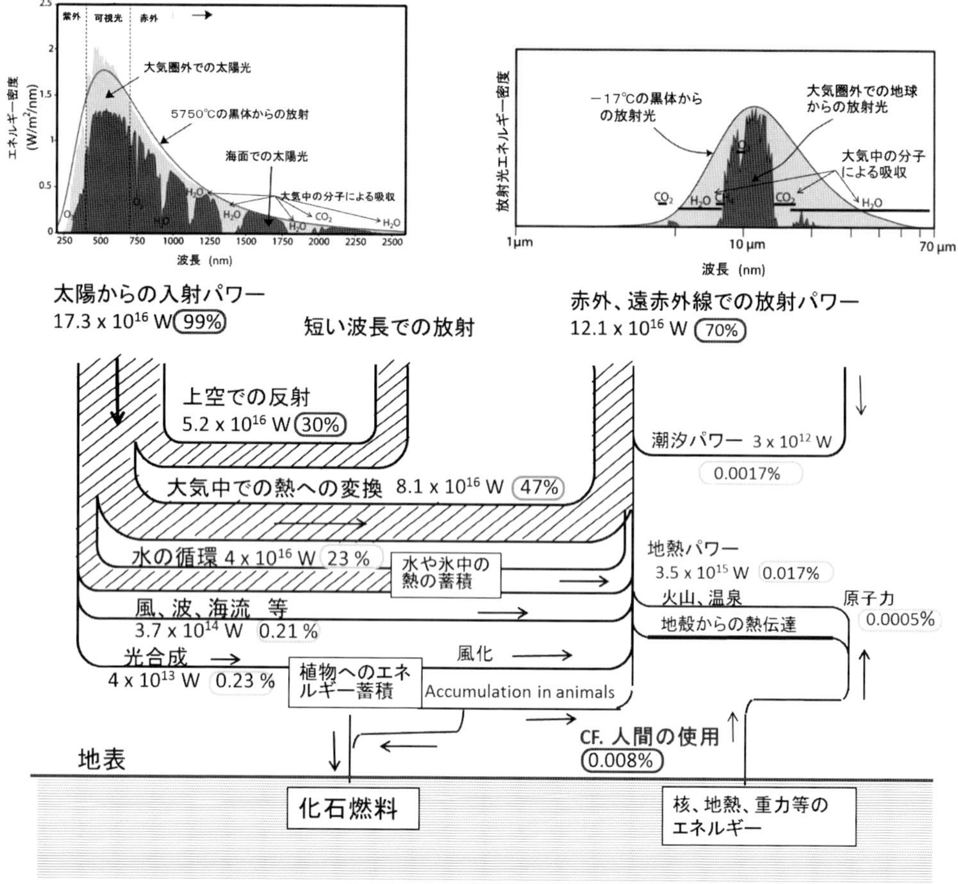

図 1-4 地球のパワー（エネルギー）バランス

左上図が太陽光の波長分布（ほとんどは可視光）、右上図は地球から放出される光の波長分布（ほとんどは赤外光）。両者のエネルギーバランスの乱れが続くと（特に温暖化ガスの影響で）地球の温暖化または寒冷化がもたらされる

くると同時に、光の波長分布は連続的ではなくなってきます。しかも、物質によって放出される光の波長がかなり異なるようになります。温度を更に上昇させていきますと、原子に捕えられていた電子が離れ、プラズマ状態になります。この状態になりますと、すべての粒子が大きいエネルギーを持っており、それがプラズマから逃げ出せば、それは、いわゆる「放射線」そのものです。ですから放射線とは、高い温度、あるいは高いエネルギー状態にある物質からの、エネルギーの放出（放射）に他ならないのです。

実は、地球のエネルギーバランスの有り様は、放射線被曝の際のエネルギー収支につながるものです。何度も申しあげているように、被曝とは、高いエネルギーの量子から、エネルギーをもらうことです。そのエネルギーは最終的に熱エネルギーになり、人間の場合だと、放射熱として、あるいは体液の熱として放出されているのです（通常放射線からもらう総エネルギーはあまりに少なすぎて、廃熱として計測にかかりません）。太陽からの紫外あるいは可視光より、はるかに高いエネルギーを持っている放射線では、その高いエネルギーが熱エネルギーに変換されるまでに、地球で太陽光のエネルギーを利用しているようなエネルギー変換とは異なったエネルギー変換過程があり、そのエネルギー変換過程こそが、放射線影響として現れるのです。

強い放射線源では当然沢山のエネルギーを放出していますので、線源を何かに閉じ込めておきますと、そのエネルギーは熱になります。冷却プールに貯蔵された使用済みの原子炉燃料は核分裂生成物として沢山の放射性同位体元素を含んでいますので、エネルギーを放出し続けています。ですから冷却が欠かせないのです。使用済燃料の貯蔵のための冷却プールの水がなくなって大問題になりかけた福島原発の事故は、記憶に新しいところです。

一方では放射性同位元素からの発熱を利用して、電気を発生させることができます。宇宙の衛星では、そのような電池（放射線電池とよばれています）が使われています。燃料の補給は不要であると同時に燃焼を利用しませんから酸素なしで、電気を発生させてくれます。

余分なエネルギーを持っていない同位元素は、安定同位元素と呼ばれます。放射性同位元素から放出されるエネルギー量子線のエネルギーは、その同位元素が最初どのようなエネルギー状態にあるかによって、言い換えると放射性同位元素ごとに異なっています。また内包できるエネルギーは有限ですので、永遠にはエネルギーを放出し続けることはできず、最後は安定同位元素になります。同一の放射性同位元素が共存しているときには、全体の持っているエネルギーの半分を放出するまでの時間は、最初どれだけの元素があったかにかかわらず一定になります。この期間を半減期と呼び、放射性同位元素それぞれに、異なった半減期を持っています。

粒子を人工的に高いエネルギー状態にしてやることは、放射線を人工的に作ることです。粒子加速器と呼ばれる装置では、イオンを電磁場で加速し（エネルギーを与え）高速のイオンにします。これはまさに放射線そのものです。電子顕微鏡でも、電子を電場で加速していますので、放射線の一種であるβ線を人工的に作り出しそれを制御して使っていることになります。最近の技術の進歩は目覚ましく、加速器により人工的に作られた放射線（超高速のイオン）を互いに逆方向から衝突させると、人工的に新しい元素をつくることができます。記憶に新しいニホニウムはそのようにして作られたのです。

電子やイオンは電場や磁場で制御する（加速・減速あるいは進行方向を変化させる）ことができますが、高いエネルギーの光（γ線）は制御することは極めて難しいです。これが、放射線が「恐い」一つの要因になっています。

放射線の利用に関してはトピックス的に、第７章で説明しております。

1-4　宇宙と自然放射線

宇宙は放射線で満ちあふれています。地球という極めて希な環境のもとで、生物が生きていけるのは、僥倖と言うほかはありません。

太陽は、その内部で、核融合反応により発生したエネルギーを放出しています。人類が身近に持つ最大の放射線源です。太陽内部での核融合反応により発生したエネルギーは、太陽表面から放射

表 1-2　地表の様々な場での、自然放射線による空間線量率

	地域（国）名	空間線量率（mSv/year）	
		平均	最大
特に高い地域	ラムサール（Ramsar)、イラン	10.2	260
	ガラパリ（Guarapari)、ブラジル	5.5	35
	カルナガパリ（Karunagappalli)、インド	3.8	35
	陽江（Yangjiang)、中国	3.5	5.4
国別の比較	ノルウェイ	0.63	10.5
	香港	0.67	1.0
	中国	0.54	3.0
	ドイツ	0.48	3.8
	日本	0.43	1.26
	米国	0.40	0.88

線として放出されます。その放射線が持つエネルギーは最大 10 MeV（10^7 eV）程度から最小は0まで、実に広範囲に亘ります。ちなみにラジオの電波は 10^{-6} eV 程度です。

エネルギーが数 eV より高い放射線（エネルギー量子）は、生命にとってたいへん危険です。幸いなことに、非常に高いエネルギーを運んでいるエネルギー量子線は太陽内部でそのエネルギーを失ってしまい、表面には出てきません。地球に到達しているのは、1-3 節で述べたように、5,750 ℃程度の黒体から放射される光とほとんど同じなのです。ですから地上に届いているのは、1〜5 eV 程度の可視光と、目には見えませんが熱として感知される 1〜10^{-3} eV の赤外線がその主なものです。

また、1-6 節で説明しますように、地球内部には、地球誕生時から存在していた放射性同位元素が残っていますし、地球内部での高い圧力により核分裂や核融合反応が起こっていると考えられていますが、それらにより放出される高エネルギー量子線は地殻が遮ってくれています。

地球以外に、宇宙に生命体が存在している星がないか探求が続いていますが、生命体の存在が明確になっている星は、見つかってはいません。それほど地球というのは希な存在なのです。月や火星への旅行が夢として語られますが、現実には宇宙服による真空からの防護だけでなく、放射線の遮蔽が必要です。特に、火星まで行けるようになるかどうかは、放射線被曝を低減することができるかどうかにかかっていると言われています。

とはいえ、地表でも、危険な放射線が皆無ではありません。表 1-2 に地表のいろんなところでの、自然放射線の空間線量率を比較しています。空間線量率が、日本政府が安全の目安としている 1 mSv/y をはるかに超えているところがありますが、特に大きな被害が報告されているところはありません。

地球は基本的には、太陽からの入射パワーと地球からの熱放出パワーがバランスしてほぼ一定温度に保たれています。最近の数年間は、温暖化が顕著ですが、100 万年単位の長い時間スケール（地球誕生は 46 億年前）では、誕生時に持っていたエネルギーを失い続けており、徐々に冷えています。しかし、地球内部に存在している放射性同位元素からの放射線の放出（崩壊熱）により、冷却速度が遅くなっていると考えられています。放射性同位元素の中には、地球誕生時にはすでに存在していた放射性同位元素、^{40}K、^{87}Rb、^{147}Sm、^{176}Lu、^{187}Re などがあります。これらは半減期が極め

て長く、未だに残っているのです。

太古の地球では、地球誕生初期から生物が出現するようになるまで、酸素濃度は薄く、オゾンの生成などによる紫外線等のエネルギー吸収が少なかったため、現在より地上での紫外線よりエネルギーの高い放射線の強度が高かっただけでなく、地球の温度も高かったでしょうから、生命は存在しにくい状態でした。原子生命が海水中で発生し、命をつないできたのは、水が宇宙からの放射線を遮蔽してくれたおかげでありましょう。また放射線が、生命の進化の過程に確実に影響したと考えられます。最近は進化というよりは、何らの原因で遺伝子が変化した場合に、環境に適合できたものだけが生き残ってきたのではと考えられるようになっています。この何らかの原因として、放射線もその範疇に入っています。第8章で、もう少し詳しく説明しています。

「進化の途中で人類は、恐竜あるいはは虫類に脅かされていたので、「蛇」を本能的に怖がる」とまことしやかに言われたりしますが、恐竜は客観的にみても「恐い」ですね。放射線が「怖い」のは、蛇が「怖い」ように、主観的感覚が働いているのかもしれません。

次に太陽からのエネルギーまたはパワーの大きさを考えてみましょう。すでに図1-4で示しておりますが、基本的には太陽からの主として可視光としての入射パワーと地球からの主として赤外光としての放射パワーが釣り合っているので、地表の温度はほぼ一定に保たれています。地球の上空では、太陽から降り注ぐエネルギーは、単位時間単位面積当たりおおよそ340 W/m^{2}です。地表では、エネルギーが高い危険な太陽からの放射線のエネルギーが、大気によって吸収（遮蔽）され、残された可視光（1〜5 eV程度のエネルギーの放射線）により平均で240 W/m^{2}程度のエネルギーが与えられているのです。

ところで、太陽から地表の人間に与えられるパワーは、人間が普通の生活で消費しているパワーにほぼ匹敵しています。考えてみれば当たりまえかもしれません。なぜなら、仮にそれよりはるかに大きなパワーが太陽から与えられれば、暑くて暑くて、冷やさないと生きていけません。人がエネルギーを消費し続ける限り、余ったエネルギーは熱として排出されますので、冷却が必要です。冷却が追いつかないと、いわゆる熱中症になってしまいます。また、太陽からのパワーが少ないと、寒くて仕方がありません。ですから、パワーの大きさが、太陽からのものと人間のものとであまりに違っていると、今の生活はあり得ないのです。そして太陽からのわずかなパワーの差が、人間に暑い、寒いの差となって感じられるのです。

余談ですがエネルギー変換効率10%の太陽電池を地表に設置したとしますと、1平方メートル当たり数十W程度の電力が得られます。ご承知のように自転車にとり付けた発電機では数Wの豆電球がつきます。いまではLEDなので数Wでもそこそこの明るさが得られます。人間が一生懸命仕事をすると、100 W程度のパワーを発生させることができ、変換効率10%程度で電力にすると10 W程度となるわけです。

危険な放射線のエネルギーも、危険を避けるように、上手にエネルギー変換できれば、人間にとって有用なエネルギー源になるのです。核分裂により発生する危険な放射線エネルギーを電力として利用できるようにしたのが、原子炉なのです。太陽のように核融合を利用した核融合炉の研究も、「地上に太陽を！」のキャッチフレーズのもと進められてはいますが、いまだ実現はしていません。

1-5　物理・化学現象とエネルギーのやりとり

表1-1では、放射線としての電磁波のエネルギーの違いを20桁にわたって示していますが、図1-2に示しましたように、森羅万象、どのような物理・化学現象でも、それが起こるときはエネルギーのやりとりを伴っています。また、エネルギーが大きいと、それを運んでいる量子のスピードも速いので、大きいエネルギーのやりとりを伴う物理現象が起こる時間は非常に短くなっています。図1-2には横軸にエネルギーの大きさと同時に、それが出現する時間スケールも記入してあります。

ともあれ、宇宙はビッグバンでエネルギーが放出されました。その値は、10^{70} J あるいは 10^{90} eV と理論的に与えられているようです。難しい話はともかく、第3章で述べますように太陽では、水素原子4個が融合する1回の反応により 27 MeV のエネルギーが放出される核融合反応が続けられています（第3章図3-5を参照してください）。図1-2に従えばこの核融合反応に要する時間は10^{-17}秒程度となります。この際放出されるエネルギーは核融合反応により生成するヘリウム（He）とγ線が担います。次に、それらは周りにある物質の原子に束縛されている電子を解き放ちます（原子のイオン化と言い、放射線の電離作用として後に議論されます）。その際のエネルギーのやりとりは keV のオーダーになり、反応時間は10^{-12}秒程度です。これにより発生した keV の電子やイオンは、さらに沢山の電子やイオンを発生させます。これを繰り返して、その後に発生する電子やイオンのエネルギーが小さくなっていき、eV オーダーになりますと、今度は物質中の分子と衝突し、分子の化学結合を切ったり、新たな化学結合を引き起こしたりします。この時間は10^{-9}秒程度です。これが、後に述べる放射線ががんを引き起こしたり、遺伝子に影響を与えたりする原因なのです。

エネルギーはさらに多くの分子に分散されて1 eV 程度以下になります。そうしますと、化学反応を引き起こせなくなりますが、1 eV 以下になったエネルギーは分子の振動や回転のエネルギーに変換されます。MeV のエネルギーを持った1個の量子は物質内で、このようなエネルギー変換過程を経てその$1/10^9$である meV のエネルギーを持った10^9個の振動エネルギー量子に変換され、それは物質の温度を上昇させます。極めて簡単化してはいますが、核エネルギーはこのように、段階を踏みながらエネルギーの形を変えて（エネルギー変換）、最後は熱になるのです。残念なことですが、核エネルギーを一気に安全な熱エネルギーに変換すること、例えば1 MeV のγ線光子1個を、1 eV の光子10^6個に直接変換することはできません。必ず、放射線影響の原因となる化学反応を引き起こすようなエネルギー領域を経ながらエネルギー変換がなされるのです。

実は太陽の中心付近で発生した MeV の放射線のエネルギーは、太陽の表面近くに出てくるまでに、内部でエネルギー変換がなされ、太陽表面付近を5,750 ℃にしているのです。我々から見ると、エネルギーの高い危険な放射線を、太陽自身が遮蔽してくれているわけです。それでも一部エネルギーの高い放射線は太陽から放出されますが、幸いなことに、地球の大気がこの危険な放射線を遮って地表の我々に届かないようにしてくれています。太陽と、地球の位置関係、そして地球の大気があってこそ、地上の生きとし生けるものが、生かされているのです。神様がそのようにしてくれたと信じる人がいるのは不思議ではありません。地球は、宇宙には2つとない特別な惑星なのです。

我々人類は、地表で危険な放射線に曝されることなく、核融合エネルギーの恩恵を被っていることは、忘れないでいただきたいと思っています。

1-6　放射性物質と人工放射線

通常自然界に見られる放射線源を図 1-5 に示しています。陸地の放射線 (Terrestrial radionuclide) として挙げられている次のような放射性同位元素、^{40}K (カリウム-40)、^{87}Rb (ルビジウム-87)、^{147}Sm (サマリウム-147)、^{176}Lu (ルテチウム-176)、^{187}Re (レニウム-187)、^{222}Rn (ラドン-222)、^{226}Ra (ラジウム-226)、^{232}Th (トリウム-232)、^{235}U (ウランまたはウラニウム-235)、^{238}U (ウラン-238) はいずれも地球が誕生したときから存在していたものであり、^{222}Rn は揮発性であるため大気中に存在しています。地球はその誕生時に持っていたエネルギーを徐々に失っているので、近年の年単位で見られている地球温暖化とは別に、億年単位では徐々に温度が下がっていますが、地球内部に存在するこれらの半減期の長い放射性同位元素の壊変により持続的なエネルギーの放出があり、温度低下を遅らせていると考えられています。

一方大気中の酸素や窒素が宇宙からの放射線 (宇宙線と呼ばれてます) と反応し、^{3}H (トリチウム)、^{7}Be (ベリリウム-7)、^{14}C (炭素-14) などが常に生成されています。しかしこれらの放射性同位元素は、その半減期が短いため、生成と崩壊による消失が平衡し、ほぼ一定濃度になっています。表 1-2 に示した自然界の放射線量率は長半減期を持つ放射性同位元素と宇宙からの放射線によるものです。

また、第 2 次世界大戦後、盛んに行われた大気圏内核爆弾実験により、多量の放射能が大気中に撒き散らされました。図 1-6 には自然界における ^{3}H と ^{14}C の第 2 次世界大戦後の推移を示していま

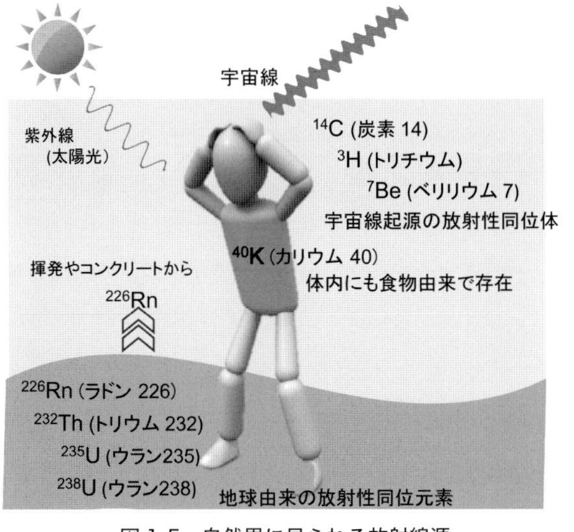

図 1-5　自然界に見られる放射線源

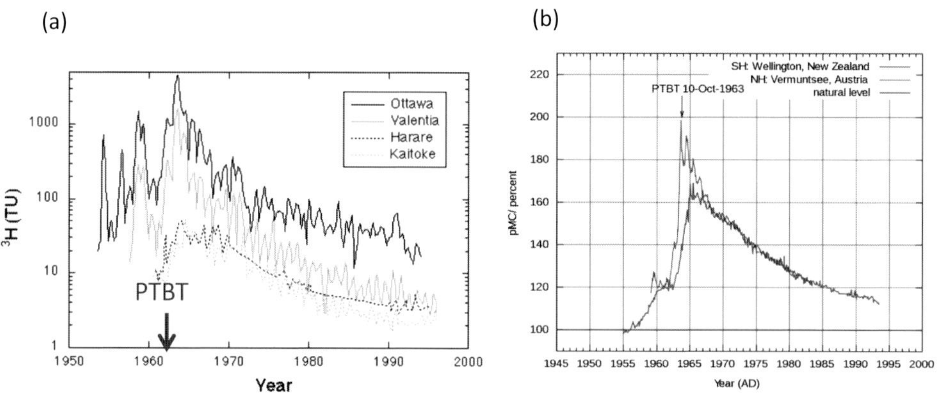

図 1-6　自然界における(a)トリチウム（^{3}H）と（b）炭素 14（^{14}C）の第２次世界大戦後の推移。^{3}H はカナダ各地での測定、^{14}C はニュージーランドとオーストリアでの測定結果

両者とも 1963 年に PTBT（部分的核実験停止条約）が発効してからは、それぞれの半減期にしたがって濃度が減少しつづけている
(a) は国際原子力機関の測定結果で、IAEA/WMO (2006) Web Site of the Global Network of Isotopes in Precipitation (GNIP) and Isotope Hydrology Information SIAEAにて公開、(b) は http://en.wikipedia.org/wiki/File:Radiocarbon_bomb_spike.svg にて公開

す。1963 年の部分的核実験停止条約（PTBT）の発効以降は、大気中への放出がなくなりましたので、放射能の減衰が進んでおり、特に半減期がやや短い ^{3}H と ^{14}C は、ほぼ戦前のレベルまで戻っています。しかし、核爆弾により生成された ^{137}Cs（セシウム-137）や ^{90}Sr（ストロンチウム-90）は、いまでも十分検出できるレベルにあります。逆に言いますと、1963年当時は、現在よりも環境中の放射線レベルは10倍以上高く、年間の線量率は、ほとんどの場所で1 mSv を超えておりました。それが、人類にどのような影響を与えているかは不明です。がんの発生率でいえば、放射能以外の要因、たばこ、農薬、ストレス等の影響の方が大きいとされています。

さらに、自然界に存在するカリウムには放射性同位元素（^{40}K）が、高い濃度で含まれています。（自然界のカリウム中には安定同位元素である ^{39}K、^{41}K、放射性同位元素である ^{40}K がそれぞれ 93.26%、6.73%、0.012% 含まれています）。図 1-7 は種々の根菜類食品の断面に対して ^{40}K の存在分布測定を行った例で、カボチャの種の部分が他に比べて多いことがわかります。またバナナには ^{40}K がやや多く含まれており、バナナ1本を食べると、0.1 μSv 程度の内部被曝になるとされています。K が多く含まれている海藻などでも、^{40}K の存在が容易に観測されます。放射性同位元素から放出される放射線の検出は容易なので、図 1-7 のようにきれいに画像化でき、沢山含まれているように見えますが、実際には極めて微量で、これらは摂取しても全く問題ないレベルであることは言うまでもありません。

通常、放射性物質から放出されるのは、α 線、β 線、γ 線の 3 種類です。このうち α 線と β 線は粒子で、γ 線が電磁波です。α 粒子は、大きい運動エネルギーを持ったヘリウムのイオン（He^+ あるいは He^{++} と記述されます）です。β 粒子は、大きい運動エネルギーを持った電子（e^- と記述されます）です。まれに正の電荷を持った電子（陽電子（ポジトロン）と呼ばれ e^+ と記述されます）を放

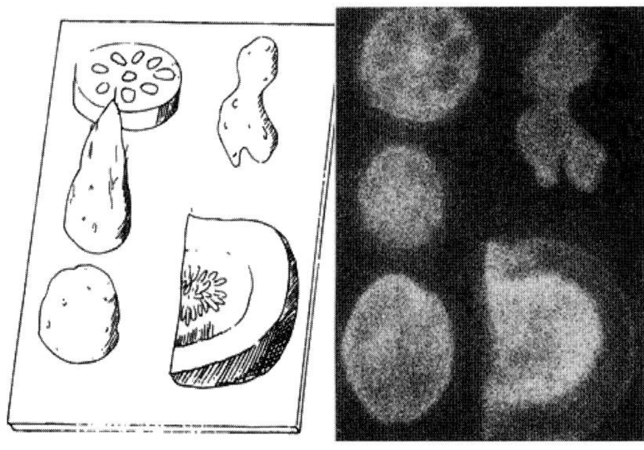

図 1-7　根菜類（左図スケッチ）に含まれている ^{40}K の分布（右図）（口絵 1 参照）
黄色部分で放射能が高くなっている

出する放射性物質もあります。どのような原子でも、大きいエネルギーを持っている、あるいは速く進んでいる場合は、放射線の範疇に入ります。加速器と呼ばれる装置では、粒子イオンを加速して大きいエネルギーを持つようにしていますから、いわば人工的に放射線（エネルギー量子線）を作り出していることになります。

繰り返しになりますが、生命体が放射線に曝されることを被曝すると言い、これは放射線が運んでいる、あるいは持っているエネルギーの一部、または全部が放射線に曝された物体（特に人体）に与えられることです。すでに述べましたように、生命体であろうとなかろうと、物質が放射線に曝された（被曝した）ときに、被曝により物質 1 kg に 1 J のエネルギーが与えられると、1 Gy の線量の被曝を受けたことになります。

話が難しくなるのは、同じエネルギーを持ったエネルギー量子線でも、量子の種類によって、また被曝した物質によって、吸収線量が大きく異なるためです。また量子が粒子である場合の被曝の方が、量子が電磁波（光子）である場合の被曝より、エネルギーが渡されやすく、吸収線量が桁違いに大きくなります。一方で、エネルギーを吸収する体積は、光子の方が桁違いに大きくなります。すなわち同じ 1 Gy を被曝しても、物体が受ける影響は放射線の種類とそのエネルギーによって全く異なります。

さらに難しいことに、人体内の各臓器によって吸収線量率は異なりますし、均一にはなりません。放射線は物質にエネルギーを与えながら、物質中に進入していきますので、進入するに従って、当初持っていたエネルギーが減少します。図 1-8 には、深さ方向にどのように α 線、β 線、γ 線のそれぞれの持つエネルギーが減少していくかを簡単に示しています。図の各線が横軸との間で囲む面積が、最初に放射線が持っていたエネルギーに相当します。横軸の深さは対数スケールになっていることにご注意ください。進入する深さは、物質の質量によっても異なり、物質が重いほど、進入する深さは短くなる、あるいは単位質量当たりに与えるエネルギー（吸収線量）が大きくなります。これにつきましては、第 3 章、第 4 章で詳述いたします。

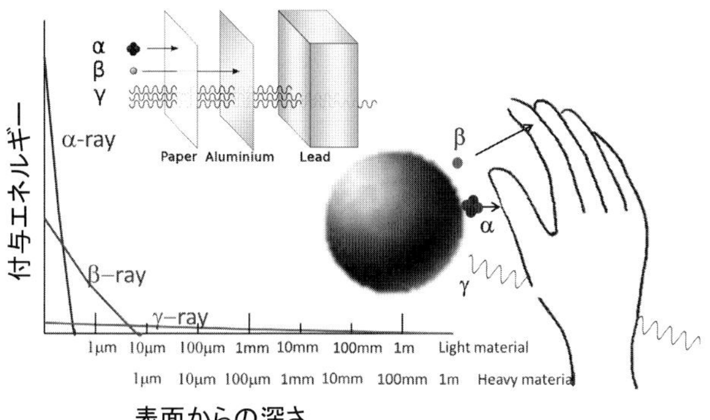

図 1-8　α 線、β 線、γ 線が物質中に侵入したときのエネルギーの与え方

1-7　まとめ

放射線とはエネルギー量子から構成されており、被曝とは、エネルギー量子線のエネルギーの一部または全部が生物体に与えられることです。与えられたエネルギーは様々なエネルギー変換過程を経て、最終的には熱になります。エネルギー変換の過程で、特に化学反応を引き起こすようなエネルギー領域で、細胞の死や染色体異常を引き起こすことが放射線被曝による生物影響です。そのようなエネルギー変換は宇宙では常に起こっていることです。太陽では、その内部で、核融合反応により、高いエネルギーの量子が放出されていますが、その量子のエネルギーは、量子が太陽表面に出てくるまでに、エネルギー変換され、そのほとんどのエネルギーは紫外、または可視光として太陽表面から放出されています。太陽は、危険な高いエネルギー量子の放出を遮ってくれているのです。地球の大気も、太陽あるいはその他宇宙にある様々な恒星が放出している高いエネルギーの量子線を遮ってくれています。

放射線は決して特殊なものではありません。放射線を構成するエネルギー量子の種類と、それのもつエネルギーが分かれば、放射線を安全に取り扱う、言い換えると、安全なエネルギーに変換することができます。

とはいえ、エネルギー変換のプロセスは、エネルギーの大きさによって出現する物理・化学現象が全く異なりますので、理解することは容易ではありませんが、人知を超えたものではありません。放射線が「恐い」ものであることは、議論の余地がありませんが、「恐く」ないようにすることができますので、「怖い」ものではないことを、納得していただけるかと思います。

第２章
放射線（エネルギー量子線）とは

放射線を論じる際に、分かりにくいあるいは、混乱を与えかねないことがあります。それは、放射線源（エネルギー量子線源）を論じる観点と、放射線を受ける（被曝）観点とで、視点が異なることです。これは、第１章で議論したエネルギーの強さと大きさに関する議論にも通じています。この章の前半では、線源の観点から議論しますので、線源から放出されるエネルギー量子数と個々のエネルギー量子の持つエネルギーについて着目します。一方、被曝する側では、どれだけの量子数に曝され、どれだけのエネルギーが与えられたかに着目することになります。後者では、線源から放出されたエネルギー量子が、物体に進入してどれだけのエネルギーをどのような過程を経て物体に付与するかに着目しますので、同一に議論することはできません。

線源を知ることは、放出されるエネルギー量子線の種類とそれの持つエネルギーを知り、それがどの程度の頻度で放出されるかを知ることです。「エネルギー」は、物理的に定義されたもので、放射線を議論する際に使用する「エネルギー」もそれと全く同じものです。独特の単位ではありません。放射線源（エネルギー量子線源）からの、エネルギー量子の放出数も重要です。エネルギー量子線源が放射性同位元素の核崩壊により放出されるエネルギー量子である場合、どれだけのエネルギー量子が放出されているか、言い換えればどれだけの核崩壊をするかが重要な指標になります。このため、１秒当たりの核崩壊数（dps：disintegration per second）または１分当たりの核崩壊数（dpm：disintegration per minute）が線源の強さを表す指標、言い換えれば放射能の強さを表す単位として導入されています。今日では、この dps を、核崩壊に限定しないで、１秒間当たりのエネルギー量子数として一般化し、ベクレル（Bq）という単位として使っています。

一方被曝する側からは、どれだけのエネルギーがエネルギー量子線から与えられたかまたは吸収されたかも重要になりますので、新たに、線量率グレイ（Gy、1 Gy = 1 J/kg）が物質１kg 当たりにどれだけのエネルギー（ジュール（J））が与えられたか、与える能力があるかを示す単位として導入されています。さらに、人体ではその器官（臓器）によってエネルギー吸収率が異なりますので、それらを補正した線量当量（シーベルト（Sv））という単位も導入されています。本章ではまず線源について説明した後、線量、線量率、線量当量、線量当量率について説明します。空気中に線源がある場合も多いので、線量、線量率、線量当量、線量当量率については随時ふれることになります。

2-1　放射線とはエネルギー量子線である

放射線とは、第１章で説明したように、エネルギーを持った量子の束であり、放射性物質（放射性同位元素：原子核に余分なエネルギーを持っておりそれを放出する）からのエネルギー量子の放出、原子炉の中で発生する核分裂反応、太陽中での核融合反応等でも発生しています。宇宙線も、放射線です。また、放射能すなわち、核崩壊によりエネルギー量子を放出する能力を持った物質のことを放射性物質といいます。ただし「放射能」という言葉で、放射能、放射線、放射性物質、放射線の強度を表したり、これらすべてを代表するものとして使用されることもあります。ここでは、正確を期するため、放射能という言葉は使いません。また、放射線の代わりに、より正しい表現として「エネルギー量子線」という言葉を使います。エネルギー量子線は、第１章で述べましたように、質量を持つ量子と質量を持たない量子（電磁波または光子）とに分けられます。

質量を持つ量子としては、各種素粒子（ミュー中間子、パイ中間子、ニュートリノ等）、電子、陽電子（β 線）、陽子（陽子線）、中性子、α 粒子（α 線）、各種原子がイオン化したもの（通常は正イオンが多いですが、健康器具等で話題になっているマイナスイオンもあります）、あるいは核分裂生成物等があります。そして質量を持つエネルギー量子は電荷を持つもの（電離放射線）とそうでないもの（非電離放射線）とに分けられます。エネルギーの高い粒子はほとんどが電荷を持つ粒子ですが、中性子やニュートリノは電荷を持ちません。電荷を持たない中性子は、原子核との間でクーロン力による反発を受けないので、原子番号に応じた電荷を持つ原子核に容易に到達し、核にエネルギーを与え、核反応を引き起こす能力を持っているため非常に危険です。原子炉はこれを利用して、ウランを核分裂させてエネルギーを放出させると同時に、核分裂生成物が形成されます。原子爆弾は、この反応を爆発的に行わせるものです。また、中性子爆弾は、特に多量の中性子を発生させることにより殺傷能力を高めた爆弾として位置付けられています。このように、中性子は原子炉中の核分裂反応や核融合反応の際に発生していますが、通常は人には当たらないように遮蔽（後述）されていますので、原子炉外部にいる人が、中性子に曝されることはありません。また単独の中性子は安定ではなく、半減期７分程度で陽子と電子に崩壊してしまいます。

電荷をもつ粒子（荷電粒子）は、物質中に進入すると、クーロン力の反発によりエネルギーを失っていき（減速し）ます。言い換えると、荷電粒子が最初に持っていたエネルギーを物質中へ付与するのです。エネルギー付与率が高いと物質中を少しの距離動いただけで、すべてのエネルギーを物質に付与して止まってしまいますが、エネルギー付与率が低いと、物質中深くまで進入します。エネルギー付与については後に詳述します。

質量を持たない光子（電磁波）について、第１章で説明しておりますが、少し補足の説明をしておきます。表 1-1 に示しましたように、波長の短い方から γ 線（10^6 eV 程度以上）、X 線（10^5〜10^2 eV 程度）、軟 X 線（1,000〜100 eV 程度）、紫外線（50 eV 〜5 eV 程度）、可視光視（6〜1 eV 程度）、赤外線（1〜0.01 eV 程度）、遠赤外線（0.01 eV 程度以下）、とそれぞれ区別して名付けられています。また、遠赤外線より長い波長あるいは低いエネルギーの電磁波を単に電磁波と呼ぶことが多いです（第1章図1-2参照）。赤外線よりエネルギーの低い電磁波では、1つの光子を独立に検出（観測）することが難しくなります。沢山の粒子が入射したときには、熱として検出され、単位面積当たりの入熱、あるいは発熱（熱粒束（W/m^2））として記述されます。家庭用のストーブのヒーターからの発熱はまさにこの赤外線の放出です。最近は遠赤外線ヒーターと称する、電気から熱への変換効率の高いストーブが市販されていることはご存じの通りです。

電磁波はその周波数によって超高周波帯（GHz帯）、短波帯（MHz帯）、中波帯（kHz帯）、さらに長波帯（Hz帯）と区別されています。FM帯はテレビ、kHz帯はラジオの電波として使われていることはよく知られていますが、γ線やX線がそのような電磁波と同種であることを理解することは難しいかもしれません。しかし、物理的には同種なのです。高周波の電磁波が持つエネルギーは、γ線やX線の持つエネルギーに比べると無視できるほど小さいので、人体がそれに曝されても全く影響がないと言っても過言ではありません。とはいえ強い電磁波、例えば電子レンジで使われている電磁波（2.45 GHz）では遮蔽（後述）をしないと、やけど等人体に大きな影響を与えます。

2-2　エネルギー量子線源とその強度

2-2-1　エネルギー量子線源

エネルギー量子線には、必ずその放出（発生）源（線源という）があります。線源については第3章にて詳述しますので、ここでは簡単に紹介するに留めます。粒子にエネルギーを与える加速器は人工量子線源ですが、自然科学の研究になくてはならないものでもあります。有用か否かは問わず、エネルギー量子線源は、人工のものと自然のものとに分けられますが、人工でも自然でも同じ種類で同じエネルギーを持っていれば、全く同一のものです。人工エネルギー量子線（人工放射線）と天然放射線は異なるものだと思っている方が結構おられるようですが、それは全くの誤解です。

エネルギー量子線源としては、先に述べた加速器、原子炉、さらには核爆弾およびそれらで作られた人工放射性同位元素が、その主なものです。いわゆる「死の灰」は核爆発で作られた様々な放射性の核分裂生成物（放射性同位元素）を含んだ塵芥あるいは微小粒子です。

放射性同位元素については、第3章で詳しく説明しますので、ここでは、簡単に説明するに留めます。放射性同位元素はその原子核に余分なエネルギーを持った元素ということができます。放射性同位元素は、放射性崩壊または壊変と称して、その余分なエネルギーをエネルギー量子線として放出し、安定な原子核（安定同位元素といいます）に変化するのです。放射性崩壊で放出されるエネルギー量子線はα線、β^-またはβ^+線、γ線のいずれかで、それぞれα崩壊、β崩壊、γ崩壊と呼ばれます。α崩壊では、Heの原子核を放出しますので、原子番号が2、質量数が4つ少ない安定同位元素になります。電子を放出する崩壊には2通りあって、β^-崩壊は普通の電子（負の電荷を持った電子でエレクトロンと呼ばれています）を、β^+崩壊では正の電荷を持った電子（ポジトロンと呼ばれています）を放出します。前者では原子番号が１つ増加、後者は原子番号が１つ減少した元素になります。γ 崩壊では原子番号質量数ともに変化はありません。放射性同位元素の崩壊は、余分なエネルギーがなくなれば終わります。半減期と称される時間ごとに、放射性同位元素の半分が崩壊によって安定同位体に変化します。

放射線同位元素には、宇宙線起源のものも少なくありません。実は、すべての恒星はエネルギーを放出しておりエネルギー量子線源（放射線源）そのものなのです。はるか彼方の宇宙で、宇宙爆発などが起こっていると聞きますが、これによってまさに多量のエネルギー量子が、四方八方に撒き散らされています。このため、宇宙には由来の分からない様々なエネルギー量子線が走っています。岐阜県の神岡鉱山にあるスーパーカミオカンデでとらえようとしているニュートリノも宇宙起源です。水素の放射性同位元素であるトリチウム（元素記号として ^{3}H またはＴが使われています）には、宇宙線起源のものと、人工起源のものがあり、前者は非常に高いエネルギーを持った宇宙線が大気中の元素と核反応を起こして放出されるもので、後者は核実験、原子炉等での核反応により生成されたものです。ついでながら、トリチウムは核内に持っている余分のエネルギーを、β 線を放出することにより、安定同位元素であるヘリウムに核変換（核崩壊）します。この際、約13年で半分（半減期という）になってしまうので、太古から近代まで、地上の天然トリチウム存在量は生成と崩壊とが釣り合って、ほぼ一定でしたが、第１章図 1-6 に示しましたように 1950 年代から 70 年代にかけての核実験により、地上のトリチウム濃度は天然の状態より 100 倍程度増えました。しかし、その後の部分的核実験停止条約等により地上での核実験は停止され、現在では、その当時の核実験の影響はほとんど見られなくなっています。しかし、世界各地の火力発電所からは、そこで燃焼する化石燃料に微量ですが天然のトリチウムが含まれており、それを多量に燃焼しますのでトリチウムを含んだ水（HTO）として放出されます。また原子炉（核分裂反応等）によりわずかですが生成されています。このようにトリチウムは人工的に、わずかではありますが放出されていますので、太古のレベルよりはやや多いですが、ほぼ一定値あるいはわずかに減少する傾向になっています。

太陽は恒星として、その内部で核融合反応によりエネルギーを発生し続けていますので、その表面からは様々なエネルギー量子線が放出されています。しかし、地球は太陽からの距離が遠い（光あるいは電磁波のエネルギー量子線が地球に到達するまでに約８分かかります）だけでなく、地表に大気が存在するため、人間にとって危険な高いエネルギーを持つエネルギー量子線は、地上に到達するまでにそのエネルギーを大気に与えてしまい、ほとんどは地上に届いていません。結果として、地上に届くエネルギー量子線は、エネルギーの低い紫外線、可視光、赤外線なのです。太陽の恵みとして、人類はそれらから与えられるエネルギーの恩恵を被っているのです。月表面には大気がありませんので、高いエネルギーの宇宙線（エネルギー量子線）が降り注いでいます。宇宙服は真空と人間を遮断するだけでなく、宇宙線の遮蔽という役割をも果たさねばなりません。宇宙開発の重要性が喧伝されていますが、宇宙線による被曝は人類の宇宙への進出を妨げる要因の一つです。

遠距離を移動する飛行機は高度約１万メートル程度の上空を飛んでいるので、搭乗者は宇宙線による被曝を受けます。飛行機の機体により宇宙線は遮蔽されてはいますが、それでも、東京―ニューヨーク間の1往復で約0.2 mSv程度被曝します。

2-2-2 エネルギー量子線源としての放射性同位元素の特性

よく知られているように、キューリー夫人が、天然ウランからの放射線の放出に気づいたのは、ウランがエネルギー量子線を放出する放射性同位元素だったからです。放射性同位元素からのエネルギー量子線の放出は、核崩壊によるものですから、量子のエネルギーは連続的に分布しているわけではありません。またその放出は決まった時間に起こるものではありません。第6章図6-2に核崩壊により放出されるエネルギー量子線が時間によってどのように検出されるかを示してあります。時間的には飛び飛びに、またランダムに検出されています。とはいえ、核崩壊は次のようにある規則に従って（半減期を持って）起こっています。

今仮に、放射性同位元素がN個あったとしますと、単位時間当たりに核崩壊する元素数は、そのときに存在している元素数Nに比例することが知られています。すなわち、

$$\mathrm{d}N/\mathrm{d}t = -\lambda N \qquad (2\text{-}1)$$

となります。ここで、λは比例定数、崩壊定数と呼ばれ各放射性同位元素それぞれに決まった値を持っています。(2-1) 式に従い、最初に存在していた放射性同位元素数がN_0であったとしますとt時間経過後に残っている元素数は

$$N = N_0 \exp(-\lambda t) \qquad (2\text{-}2)$$

で表されます。これに従いますと、最初の元素数が半分になるまでの時間τは

$$\tau = \ln 2/\lambda \qquad (2\text{-}3)$$

となり、最初のN_0にかかわらず、半減期は一定になります。ln 2は2の自然対数です。崩壊する同位元素数は徐々に減っていきますが、半減期が長い場合は、特定の時間内ならほぼ一定になります。放射能というのは、ある特定の時間にエネルギー量子線源から核崩壊により放出される単位時間当たりのエネルギー量子の数$\mathrm{d}N/\mathrm{d}t$に相当します。ですから特定の放射性同位体の放射能はその半減期に従って減少していきます。半減期が年単位より長くなりますと、計測を続けない限りその減衰は分かりません。

すでに述べましたが、過去には1秒間当たりまたは1分間当たりの崩壊数（それぞれdpsまたはdpmと記載します）を線源の強さ、あるいは放射能と規定していました。しかし今では、ベクレル（Bq）という単位を、1 Bq = 1 dpsとして、放射能を表す単位として使用しています。

ここで注意していただきたいのは、エネルギー量子線源の強さとして使われているベクレルという単位には、放出されるエネルギー量子の持っているエネルギーの大きさの情報は含まれていないことです。仮に2つの異なった放射性同位元素が、同じ放射能、すなわち同じBq数であったとしても、放出されるエネルギー量子の持つエネルギーは同位体によって異なるので、人体を含め物体へのエネルギー量子線の影響は大きく異なります。例えば、トリチウムは平均5 keVのβ線を放出していますが、第3章の図3-4で示したヨウ素（I）やセシウム（Cs）ではこれよりはるかに高いβ線を放出しますので、人体への危険度は後者の方がはるかに強くなります。ただし、^{131}Iや^{137}Csで

はβ線の放出と同時にγ線も放出します。ともあれ、以上が通常放射線源すなわちエネルギー量子線源といわれるものからの、エネルギー量子の放出の仕方です。

2-2-3　線源の形状、点線源、体積線源、面線源、空間線源

エネルギー量子線の検出測定（第 6 章）で定量的な議論を行いますが、本項では、線源の形状について、簡単にまとめておきます。

2-2-3-1　点線源、体積線源

線源が固体や液体の場合は、エネルギー量子は四方八方に放出されるので体積線源といい、その強さ（放射能という場合が多い）は単位体積当たりの Bq の数値、すなわち○○ Bq/m^3、あるいは単位質量当たりの Bq 数値、○○ Bq/kg で表されます。線源が小さいとき、あるいは線源から遠く離れているときは、点線源として取り扱います。

ここで注意していただきたいのは、線源が大きな体積をもつときです。内部でエネルギー量子が発生しても、外部に到達するまでにそのエネルギーを失ってしまうと、エネルギー量子は外部には放出されません。表面から外部に放出されるエネルギー量子だけが問題ですので、そのような場合には、体積線源ではありますが、次項で述べるように面線源であるかのごとく扱うことになります。

一例として、食物や植物中に微量に取り込まれた放射能は、そのままでは内部に存在する線源の強さ（放射能）を測定することはできませんので、多量に集めてすりつぶし、液状にしてから測定します。そのため Bq/kg で表示されます。これは、後に述べますように、体内での被曝を評価するために必要となります。

2-2-3-2　面線源

放射性物質が表面に付着し、α線やβ線のように物質内部からは放出されにくいエネルギー量子の場合は、単位面積当たりに放出されるエネルギー量子の数 (Bq)、すなわち、Bq/m^{2}で表します。加速器や原子炉等からのエネルギー量子は大きなエネルギーを持つ場合が多いので、単位面積当たりの放出量、Bq/m^2 で記述されることが多いです。

2-2-3-3　空間線源

空気中には、浮遊塵として放射性同位元素を含んだ微粒子が浮遊しています。それらには、過去の核実験で撒き散らされた ^{60}Co や ^{137}Cs が含まれています。また、宇宙線で生成された ^{14}C やトリチウムが二酸化炭素、あるいはトリチウムを含んだ水蒸気として空気に含まれています。さらに、天然に存在するウランやトリウムの核崩壊で生成する ^{222}Rn も含まれています。これらは、空気中でほぼ一様に存在していますので、これによるエネルギー量子線の強度は、空間線量率として測定され、単位時間当たりの線量当量率 Sv/s で表示されています。微粒子は空気中に浮遊しているので、降雨時には地表近くの空間線量率は高くなることはよく知られています。また ^{222}Rn は石灰や

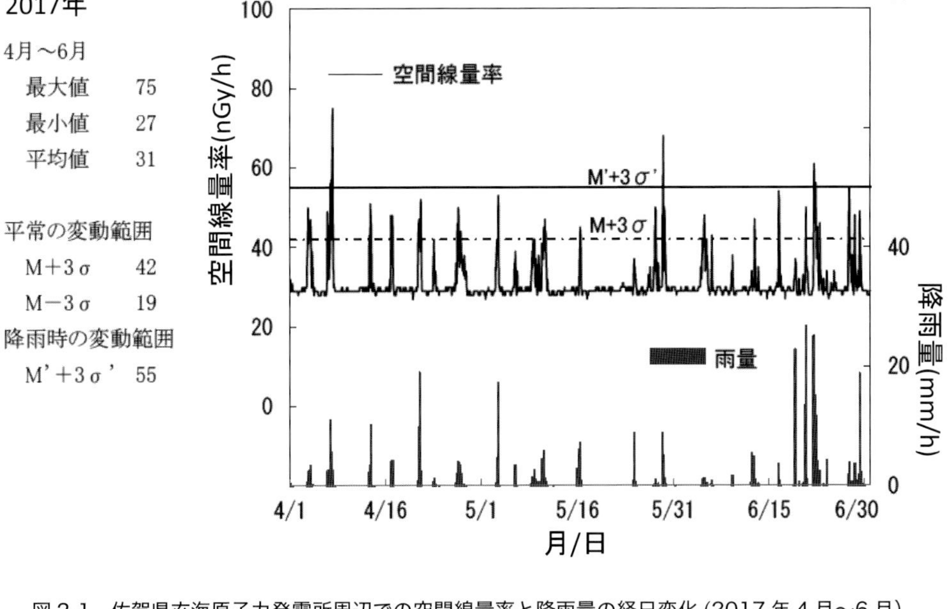

図 2-1　佐賀県玄海原子力発電所周辺での空間線量率と降雨量の経日変化 (2017 年４月～６月)

佐賀県環境放射能技術会議にて公表（http://www.pref.saga.lg.jp/kiji00355964/3_55964_53422_up_0a86c1li.pdf）

土壌に含まれていますので、コンクリートから放出されます。このためコンクリートの部屋の中では、外部あるいは木造の建物の中よりも空間線量が高くなります。

2-2-4　空間線量率

前項では、エネルギー量子線源を議論し、エネルギー量子線の強さあるいは放射能としてのベクレル（Bq）を紹介しました。一方で、被曝すなわち、エネルギー量子線を受ける側では、視点が異なり、どれだけのエネルギーを受け取ったかが重要になります。そのためすでに述べましたように、被曝を表す単位として、線量、グレイ（Gy：1 Gy = J/kg）、あるいは線量当量、シーベルト（Sv）という単位が導入されています。これらについて本項で詳述します。

通常、自然の空間線量は、空気中に漂っているガス、及び浮遊物に含まれている放射性同位元素と地表及び地中からの放射性同位元素から放出されるエネルギー量子線がどれくらいのエネルギーを人体に与えるかを示すものです（第 1 章図 1-8 参照）。2-2-2 項の議論から分かりますように、空間のエネルギー量子数は、量子の種類が何であるか分からない場合は、空間で測定されたエネルギー量子数、dps や dpm で表されます。しかし通常の大気中では α 粒子や β 粒子はせいぜい数 cm 進むとそのエネルギーを失ってしまいますので、2-5 節で述べますように、γ 線を基準にして、その場に人間がいたら、単位重量当たりどれだけのエネルギーが与えられるかに換算して、線量 Gy で表示されています。これが空間線量で、簡易計測器では、後述する実効線量（Effective dose）、Sv で表している場合がほとんどです。

図 2-1 に、佐賀県玄海原子力発電所周辺で測定された空間線量率（1 時間当たりの線量）について、平成 29 年 4 月から 6 月までの経日変化を示しています。測定は地上 1.5 m に設置された電離箱式計測器で行われています。平均値は 30 nGy/h（nGy はナノグレイのことで 10^{-9} Gy）ですが、日によってあるいは時間によって、空間線量率は大きく異なり、多いときには、平均の倍、60 nGy/h 程度を観測しています。この間、原子力発電所は運転されておりませんでしたが、運転時でも、計測結果にほとんど差はなく、通常は、20～60 nGy/h の範囲にあります。この変動の主な原因は、降雨によるものです。線量率の下側に、降水量の経日変化を示していますが、線量率が高くなっている日には、必ず雨が降っています。通常の変動幅を超えるような空間線量が計測される場合もありますが、ほぼすべて、降雨によるものであることが分かっています。もし降雨の影響でなかったら、どこかで、何らかの異常放出があったことになります。

通常、自然の空間線量は、空気中に漂っているガス及び浮遊物に含まれている放射性同位体に由来するものと、地表及び地中に存在する放射性同位元素からのエネルギー量子線によるものです（第 1 章、図 1-5 参照）。雨が降りますと、空気中の浮遊物が地表近くにおりてくるあるいは地表に沈着しますので、図 2-1 のように空間線量率が増加するのです。一方、福島原発事故のように、放射性物質が地表に撒き散らされますと、空間線量率は当然増加しますが、地表に沈着した線源が多くなりますし、強い放射能を持った粒子が沈着しますので、空間線量率は均一にはなりません。検出器を地表に向けて計測を行いますと、検出器の向き、地上からの距離によって、線量率が大きく異なります。また、逆に、線量率が高くなる方向に検出器を近づけていきますと、線源がどこにあるかを発見することができます。

2-3　物質に入射したエネルギー量子線からのエネルギー付与

先に述べたようにエネルギー量子線には様々な種類があり、エネルギー量子の種類によって物質内部へのエネルギー付与の仕方が全く異なるだけでなく、エネルギーを受け取る側も、その物質の重さによって受け取るエネルギーの大きさや、エネルギー量子線が物質内に進入する深さが大きく異なります。「エネルギー付与」ということばは、あまり聞き慣れないかもしれませんが、エネルギー量子がその持っているエネルギーを物質に与えることです。人体や生物にエネルギーが与えられることは、まさに被曝することなのです。エネルギー量子の照射（被曝）を受けた側から見れば、吸収エネルギーという言葉が使われることが多いのですが、これはエネルギー量子から付与されたエネルギーのことです。

第 1 章図 1-8 には同じエネルギーを持つ α 線、β 線、γ 線が物質中に入射したとき、物質に付与するエネルギーが、表面からの深さによってどのように変化するかを概略で示しています。α 線は物質に進入すると、極めて短距離でそのエネルギーを全部付与するため、1 μm 以下の深さまでしか進入しないのに対し、γ 線は、わずかずつエネルギーを物質中に付与しながら、1 m にもおよぶ深い距離まで進入します。β 線の進入深さは、α 線よりもかなり深いですが、それでも、せいぜい1 mm程度にすぎません（空気中でも数十センチです）。第1章図1-8中の各線と縦軸及び横軸とで囲まれた面積がエネルギー量子1個が最初に持っていたエネルギーに相当します。それゆえ、α 線や β 線が体外から人体に入射した場合（被曝したと称される）、その影響は皮膚近傍に限られ、「皮膚がん」や「放射線やけど」が主な症状となりますが、体内への影響は、γ 線に比べて小さいのです。ただし α 線や β 線が体内に取り込まれた場合はこの限りではありません（体内被曝として後述します）。

物質が例えば鉛（Pb）のように重い場合は、第1章図1-8の下側のスケールのように、エネルギーが付与される深さが著しく減少します。言い換えると、エネルギー量子線の進入が抑えられることになり、これを利用してエネルギー量子線の影響を軽減（エネルギー量子線の遮蔽として後述）することができます。

2-4　被曝（人体や生物へのエネルギー付与）

繰り返しになりますが、エネルギー量子線による被曝とは、人体や生物がエネルギー量子線の入射を受け、その表面や体内にエネルギー量子線の持つエネルギーの一部または全部が付与されることです。この際、エネルギー量子線源が体外にある場合を体外被曝、線源が飲み込まれたりして体内に取り込まれてしまった場合を体内被曝あるいは内部被曝と称して、両者を区別します。同じ線量の被曝であれば、基本的には人体に与える影響に差はないとされていますが、体内被曝では線源が体内に残るため、被曝線量が増えやすく、体内被曝の方が危険だと言えます。

2-4-1　体外被曝

被曝とは、エネルギー量子線に曝されることを言いますが、その結果としてエネルギーが付与されることなので、その観点からは、エネルギー量子線による被曝も赤外線や電磁波による被曝も全く同じです。皮膚の表面に局部的にエネルギーが付与されると、やけどや壊死（細胞が死んでしまうことで、α 線やけど、β 線やけどなどといいます）となります。赤外線やけども、放射線やけども、付与されたエネルギーが熱として与えられた結果、細胞が死に至るもので基本的な違いはありません。ただし可視光や赤外線では、光子1個当たりのエネルギーが小さく、またそのエネルギーは皮膚の表面近傍だけに熱として付与されるのに対し、特に β 線では、第1章図1-8に示したように、赤外線やけどとは異なり、皮膚表面だけでなく体の組織にまで浸透しエネルギーを付与します。しかも、1個の粒子の持つエネルギーが大きいので、体の内部の極微小領域、1 nm直径程度の領域に、可視光線や電磁波では与えることができないような多量のエネルギーを付与するため、単なるやけどとは区別され、放射線やけど、β 線やけどなどと言われます。

2-4-2　体内被曝

以上はいわゆる体外被曝、エネルギー量子線が体外から入射する場合ですが、食物に付着したエネルギー量子線源を体内に取り込んだり、液体や気体として飲み込んでしまったりした場合には、その一部が体内組織に取り込まれ、体内被曝として、エネルギー量子線の影響がより強く現れます。エネルギー付与の観点からみると、体内被曝も体外被曝も基本的には同じですが、線源が内臓等の体内組織に取り込まれて、エネルギーがその組織に直接付与されるため、体外被曝に比べてその影響は大きくなります。さらに、重要なのは、体外に付着したエネルギー量子線源はシャワーを浴びること等により洗浄除去すること（除染）が可能であることです。一方、胃腸や肺から放射性物質が体内に取り込まれ内臓の各部に留まると、除去が難しく、取り込まれた内臓部では被曝が続きます。多量の水を飲用したり、放射性同位元素と同じ原子番号の安定同位元素を取り込んで置き換えたりする方法をとるなどして、体外への排出をはかります。

体内に取り込まれたエネルギー量子線源は、それ自身が物理的に原子核崩壊して減少するのとは別に、生物学的な作用により排泄されるなどして体外に排出されることで減少します。いずれのメカニズムも、体内にあるその物質の量に比例して減少していくので、その減り方は指数関数的であり、一定の時間ごとに半分になります。原子核崩壊によって半分に減る時間を物理学的半減期（または単に半減期）、生物学的な排出によって半分に減る時間を生物学的半減期と言います。物理学的半減期を減少させることはできませんが、生物学的半減期は減らせる場合があります。例えば、体内に取り込まれたトリチウムが半分に減少するのに、通常は1週間程度かかりますが、トリチウムは軽水素と類似の化学的性質を持っていますので、体内に多量の水を取り込めば、トリチウムは水中の軽水素に置き換えられ早く体外に排出されます。特にビールの飲用は排泄作用が強いので、トリチウムの体外への排出を早めることがよく知られており、実際にトリチウム研究施設の出口にビールが置いてあったりします。

2-4-3　線量率（エネルギー量子線の与えるエネルギー（Gy と Sv））

どれだけのエネルギー量子線に被曝したかを示すのに被曝線量、単位時間当たりの被曝線量には被曝線量率という表現が使われており、特にエネルギー量子線の人体への影響を表すときは、線量の表示として線量当量、Sv という単位が使われることは、何度も述べてきました。以下にその単位の意味するところを示します。

通常 1 kg の物質に入射したエネルギー量子線がどれだけのエネルギーをその物質に付与したか（または物質が吸収したか）を示すのが Gy（1 Gy = 1 J/kg）です。今仮に、1 MeV（1×10^{6} eV）のエネルギーを持つ γ 線光子が、60 kg の重さの人体に1時間当たり1億個（1×10^{8} Bq）入射し、そのエネルギーが全部付与されたとしますと、1 MeV は 1.6×10^{-13} J ですから

$$1.6 \times 10^{-13}\ \text{(J)} \times 10^{8} \div 60 = 2.7 \times 10^{-7}\ \text{(Gy)} \qquad (2\text{-}4)$$

となります。この付与されたエネルギーを被曝線量と呼びます。

表 2-1　吸収線量から線量当量への変換の際の線源による荷重係数（国際放射線防護委員会の勧告による）

放射線の種類	荷重係数
X 線、γ 線などの光子	1
β 線、ミューオンなどの電子	1
中性子 10 keV 以下	5
中性子 10〜100 keV	10
中性子 100〜2,000 keV	20
中性子 2,000〜20,000 keV	10
中性子 20,000 keV 以上	5
反跳陽子以外の陽子でエネルギーが 20,000 keV 以上の物	5
α 線	20
核分裂片	20
重原子核	20

表 2-2　各体組織に対する放射線影響の重み係数

組織の種類	W_T（個々の組織）	W_T（グループ）
骨髄、結腸、肺、胃、胸、その他の体組織	0.12	0.72
生殖腺	0.08	0.08
膀胱、食道、肝臓、甲状腺	0.04	0.16
骨皮、脳、皮膚、唾液腺	0.01	0.04
合計		1.00

ところで、物質へのエネルギー付与は、物質ごとに異なる（重い方が大きくなる）だけでなく、入射エネルギー量子線の種類とそのエネルギーにより大きく異なりますので、特にエネルギー付与が人体に与える影響を調べるときには、線量当量（Does Equivalent）と呼ばれているシーベルト（Sv）という単位を用いて被曝の大小を論じます。すなわち吸収線量が D Gy であれば、それに放射線荷重係数（W_R）を乗じて線量当量 H Sv とするのです。

$$H = W_R \times D \tag{2-5}$$

被曝を与えるエネルギー量子線の種類が複数のときは、すべてエネルギー量子線に対して総和を取って線量当量 H_T とします。

$$H_T = \sum_R W_R \times D_{T,R} \tag{2-6}$$

エネルギー量子線の種類による放射線荷重係数の違いは表 2-1 の通りです。質量を持つ粒子で係数が大きいのは、局部に大量のエネルギーを付与するからであり、また中性子が危険であることも前述の通りです。γ 線の荷重係数は1なので、上記の被曝線量は、1時間当たり、2.7×10^{-7} Sv、すなわち約 0.3 μSv となります。中性子やより重い粒子で荷重係数が大きくなっています。これについては第 3 章で詳しく説明します。

人体への影響を考えるときには人体の各組織により放射線感受性が異なりますので、以上の補正に加えて、人体の組織による違いを重み係数（W_T）で平均化して実効線量（Effective dose）という値に変換します。すなわち各組織への線量当量に重み係数を乗じて組織の和をとるのです。

$$E = \sum_{T} W_T \times H_T = \sum_{T} W_T \sum_{R} W_R \times D_{T,R} \qquad (2\text{-}7)$$

組織による重み係数は表 2-2 の通りです。

報道されている Sv あるいは μSv などは単位時間当たりのこの実効線量の値です。付与エネルギーから実効線量に変換されるので、難しくなってしまいましたが、γ 線被曝により与えられる実効線量は線量（付与エネルギー）Gy の値とあまり大きな差にはなりません。放射性同位体が体の組織内部に取り込まれた場合は、線源の種類と重み係数が重要になってきます。

次に注意すべきことがあります。それは、単位時間当たりの付与エネルギー量とその積分量とを区別することです。線量当量、実効線量ともに同様です。通常 Sv と標記されている場合は、人への1時間当たりの実効線量値です。一般人の自然放射能による被曝線量当量は1年間で2,400 μSv（=2.4 mSv）程度です。1 月当たりにしますと 200 μSv、1 日当たり 7 μSv、1 時間当たりおおよそ 0.3 μSv を被曝していることになります（日本では医療用の被曝の方が、自然放射能による被曝より大きく、1 人当たり年間 3,700 μSv 被曝しているとされています）。自然放射能によるこの 0.3 μSv という値は上記のように、人体が、1 MeV の γ 線光子を 1 時間に 1 億個（1 秒間に約 3 万個）受け取ったときのエネルギーとほぼ同じです。人体は軽いので、第 1 章図 1-1 からわかるように、エネルギー量子線のなかで、特に γ 線の場合は、人体にエネルギーを与えるものの、すべてのエネルギーを失うことはなく、かなりの部分は通り抜けてしまいます。

ところで 200 μSv のエネルギー量子線を被曝することは、放射線荷重係数を 1 とすると体重 1 kg あたり 200 μJ（マイクロジュール）のエネルギーの付与、すなわち標準体重 60 kg の人だと 12,000 μJ = 12 mJ のエネルギーが付与されたことに相当します。この値は人体がすべて水だとすると 12（mJ）÷ 4.2（J/cal）÷ 60 kg ÷ 1（℃/cal）= 0.000000047 ℃の温度上昇を受けることに相当します。

ここで人が、日光を浴びているときに付与される皮膚へのエネルギーと比較してみましょう。太陽エネルギーは、紫外線、可視光、赤外線の形で、人体に降り注いでいます。しかし、それらの波長は γ 線の波長に比べて非常に長く、エネルギーが低いので人体内部には浸透せず、そのエネルギーの大半を人体表面に付与します。ところで、地表には、太陽から 1 m^2 あたり 100 W/m^2 のパワー（1秒間当たりのエネルギー）が与えられています。そこで、人にこのエネルギーが与えられることを考えます。人が太陽に垂直に面する実効表面積を 1 m^2 程度だとしますと、1 W が 1 J/s であることから、人の体重が60 kg だとすると 100 ÷ 60 = 1.7 Gy/s のエネルギー、すなわち、1時間あたり 6 kSv を受けたことに匹敵します。太陽光の大半は跳ね返されますが、仮にその 10 % が体内に与えられたとすると 0.6 kSv になります。この値は、γ 線からのものであれば死に至るレベルであり、いかにエネルギー量子線の人体に及ぼす影響が大きいかがわかっていただけましょう。

2-4-4　ベクレル（Bq）から Gy または Sv への換算

Bq は単位時間当たりの量子の数ですから、入射するエネルギー量子の種類が何であるか、そしてその量子がもつエネルギーの大きさが分かれば、運んでいるエネルギーが分かります。そして、エネルギー量子がどのような物体に入射したか、言い換えると被曝した物体が分かっていれば、それへの吸収線量率（Gy/s）が評価できます。Gy は kg 単位なので、γ 線のように大きな体積にエネルギー付与する場合は、おおよそ均一にエネルギーが付与され問題はないのですが、α 粒子や β 粒子のように、短い距離でそれのもつエネルギーを全部付与してしまう場合は、吸収線量率は均一にはなりません。また逆に、短い距離、すなわち小さい体積にエネルギーを付与するため、kg 当たりで記述されている吸収線量率は非常に大きくなります。このため、α 線や β 線の体外被曝の場合の評価は大きな誤差が含まれてしまいます。もっとも α 線、β 線共に皮膚近くですべてのエネルギーを付与してしまいますので、その影響は体内の臓器には及びません。このため、体外被曝では、α 線や β 線の強度が強くなければあまり問題にされません。もちろん体内被曝はこの限りではありません。ともあれ、吸収線量率が定まり、どれだけの時間被曝したかが決まりますと、被曝した実効線量を定めることができます。

繰り返しになりますが、Bq から Gy への変換は可能ですが、エネルギー量子線の種類、そのエネルギー、そして被曝する側の器官、臓器等によって、変換された値は異なります。人体の場合は、その成分はほとんど水といっても差し支えないので、被曝物質として水を想定して、概算の変換は容易にできます。多くの場合ファントムと称する人体の組織に類似した組成の物質（人体組織等化物質）を作成し、それを想定される線源に照射して、吸収線量率の測定あるいは Gy から Sv への換算係数を導出しています。

空気中の放射性物質を摂取した場合を想定した場合の、エネルギー総合工学研究所が提案する Bq から Sv への変換式（1 日当たり）を以下に示しておきます（http://www.iae.or.jp/great_east_japan_earthquake/info/appendix2.html にて公開されています）。

（1 日当たり）

$$A = C \times S \times \mathrm{Ka} \times Q \times T \tag{2-8}$$

A：実効線量（μSv）

C：空気中放射性物質濃度（Bq/cm^3）

S：滞在時間係数 = $((S1 + fc \times S2)/24\mathrm{h})$

$S1$：屋外滞在時間；8h

$S2$：屋内滞在時間；16h

fc：低減係数；1/4 程度

Ka：実効線量換算係数（μSv/Bq）

Q：摂取量（cm^3/ 日）

T：摂取期間；1 日

実効線量換算係数 Ka は線源によって定められておりますので、(2-8) 式にしたがって実効線量 A を見積もることができます。γ 線の場合、この値は γ 線のエネルギーによってやや異なりはしますが、大きな違いはありませんので、ポケット線量計にはあらかじめこの式が組み込んであり、A (Sv) の値が直接表示されるようになっています。

ここまで述べてきましたように、実効線量を求める際には、かなりの誤差や不確実さが入っていることは念頭にいれておいてください。例えば6 μSvと8 μSvとを厳密に区別することはあまり意味がありません。また表2-2に示しましたように被曝する組織が異なれば、吸収線量率も異なります。被曝線量率が大きい場合を除いて、μSv程度の被曝の場合は、その値は目安程度と見ていただけばよいでしょう。通常観測されている実効線量の多少の変化は、全く気にする必要がありません。雨が降れば、空気中の放射線物質が雨に集められて落ちてきますので、地表近くでは空間線量率はほぼ確実に上昇します。

2-5　遮蔽および除染

人体への被曝はエネルギー量子線の入射によるものであり、農薬等による汚染とは異なり、化学的に除去または消滅させる方法はありません。特に線源が体内に入った場合は、アルコール消毒や、煮沸消毒などが使えないことも自明です。また一旦被曝してエネルギーを付与されてしまったら、被曝前の状態に戻すことはできません。被曝を防ぐには、入射するエネルギー量子の数を減らすあるいは付与されるエネルギーを減らすしかないのです。もちろん体表であれば付着した線源を除去することにより、被曝の低減化をはかることはできます。

先にも述べていますが、ここでもう一度注意を喚起しておきたいことがあります。「放射線（エネルギー量子線）の被曝を受けた物体（人体も含めて）が、放射能を持つようになるのではないか」と思われている方が多数いらっしゃいます。これは全くの誤解です。このような誤解は、被曝を風邪などのようにウイルス感染することと受けとってしまい、「被曝はうつる」、言い換えると、「被曝した人に近づくと、近づいた相手も被曝する」と理解してしまうことから生じているようです。

体に線源が付着した場合は別ですが、被曝そのものはうつりません。第3章で詳しく述べますが、エネルギー量子線は、主として原子核に余分なエネルギーを持つ不安定核（放射性同位元素）から放出されます。核から放出されてくるエネルギーは、核を再び不安定にさせるだけの十分なエネルギーを持ちませんので、照射された物体が放射能を持つようになることは、極めて特殊な場合を除けばありません。被曝によりエネルギーが与えられますが、そのエネルギーは吸収されてしまいますので残りません。ましてや他の人に移動することはありません。

2-7節で述べますように、エネルギー量子線は人体に影響を与えるのはもちろんですが、細菌やウイルスにも影響を与え、実効線量が大きければ死に至らしめることができます。放射線を殺菌に利用している所以ですが、放射線により殺菌されたものが放射能をもつようにはなりません。

さて、エネルギー量子線にはかならずその線源があるので、それが何で、どこにあるかを知ることが重要です。線源がどこにあるかが分かれば、まずはそれから距離を取ること、どのような物質でも、エネルギー量子線はそのエネルギーを付与するので、たとえ空気であれ、距離を取れば、人体に到達するまでにエネルギーの一部が失われます。これを遮蔽効果といいます。可視光だと黒い紙や暗幕で光を遮蔽（遮断）できますが、第1章図1-8から分かるように、エネルギー量子線では、そのエネルギーを遮蔽物質に付与させることにより、遮蔽物質の背後で付与されるエネルギーが減ることになります。遮蔽物質が重ければ重いほど、物質内部で付与されるエネルギーが増えるので、浸透するエネルギー量子線は減衰します。

これを利用して、人体と線源の間に、重い物質（遮蔽材）を置くことにより、エネルギー量子線による被曝の低減（エネルギー量子線の遮蔽）を行います。遮蔽材としては、鉛（Pb）がよく使われています。また遮蔽窓材としてウランガラスが使われることがあります。これはウランが重いからです。エネルギー量子線源としてよく利用されている^{60}Coからのγ線を完全に遮蔽するには、鉛といえども、数10 cm程度以上の厚さが必要です。遮蔽効果とは、透過してくるエネルギー量子線の数を減らす、エネルギー量子線の持っていたエネルギーを減らす、の両方の効果ということになります。実際に、強いエネルギー量子線が放出されている場での作業を余儀なくされる場合は、人体を周りの空気と遮断するだけでなく、重い物質で取り囲んだ宇宙服や潜水服のようなものを着用して、エネルギー量子線からも遮蔽しなければなりません。

線源が自分自身あるいは身の周りに付着した場合は、その線源を取り除く必要があります。これを除染と言います。乾燥空気を吹きつけて飛ばす（これは一時的には有用ですが、線源が別の所に移るだけなので、あまり望ましくはありません）、掃除機のようなもので吸引捕集する、湿らせた布（雑巾）等で拭き取る（スミアすると言います）、洗い流す等の作業は、いずれも除染効果があります。

水に溶ける線源の場合は、水洗により除去できますが、線源からのエネルギー量子の放出が多いと、除染に使われた水の希釈等が必要になります。水にイオンとして溶解した放射性同位元素、Csやヨウ素（I）にはイオン交換による除去は効果があるかもしれませんが、Cs^{+}イオン、ヨウ素酸イオンIO^{3-}等、電荷の正負が異なる場合があり、同時に有効な手だてはありません。水に浮遊した微少物質の場合は濾過による効果はある程度期待できます（もちろん濾過の仕方によります）。よく利用されている水道水の簡易濾過器ではあまり効果は期待できません。

2-6　生物・人体への影響[注]

表2-3に、被曝線量と人体影響との関係が示されています。科学的に、放射線の被曝で人体に何らかの影響があったことを検証できる被曝のレベルは、500〜1,000 mSv以上です。そのようなレベルの被曝を受けると、やけどや白血球の減少として症状（急性放射線障害といわれます）が現れます。これは短期間または一度にまとめて被曝した場合で、徐々に被曝した場合は、その被曝の仕方にもよりますが、症状の現れ方は一度に被曝した場合よりも低減化されます。

放射線従事者の1年間許容被曝線量100 mSvでは、長期的にも発がん等の放射線影響はないものとされています。一般の人々が1年間で曝されても問題がないとされている1 mSvはさらにその1/100なのです。自然放射能による被曝が2.4 mSvですから、それよりさらに低いレベルに設定されています。

注：この節ではエネルギー量子線をあえて通説通り「放射線」と記述しています。

表 2-3　被曝線量と人体への影響

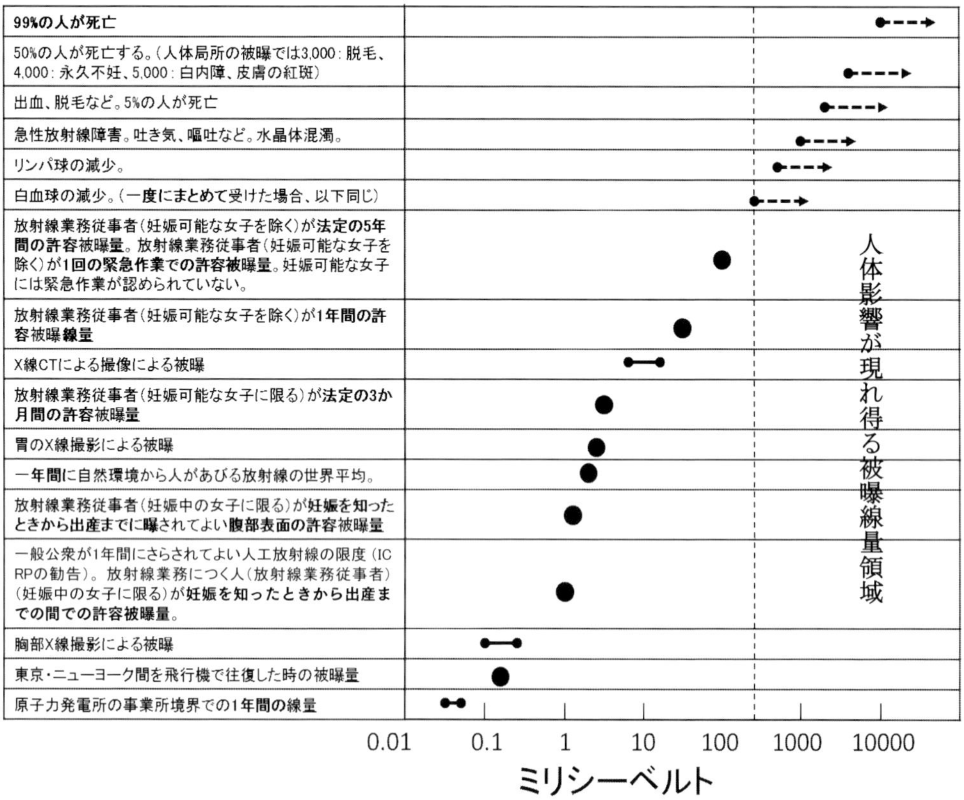

99%の人が死亡
50%の人が死亡する。（人体局所の被曝では3,000：脱毛、4,000：永久不妊、5,000：白内障、皮膚の紅斑）
出血、脱毛など。5%の人が死亡
急性放射線障害。吐き気、嘔吐など。水晶体混濁。
リンパ球の減少。
白血球の減少。（**一度にまとめて**受けた場合、以下同じ）
放射線業務従事者（妊娠可能な女子を除く）が**法定の5年間の許容被曝量**。放射線業務従事者（妊娠可能な女子を除く）が**1回の緊急作業での許容被曝量**。妊娠可能な女子には緊急作業が認められていない。
放射線業務従事者（妊娠可能な女子を除く）が**1年間の許容被曝線量**
X線CTによる撮像による被曝
放射線業務従事者（妊娠可能な女子に限る）が**法定の3か月間の許容被曝量**
胃のX線撮影による被曝
一年間に自然環境から人があびる放射線の世界平均。
放射線業務従事者（妊娠中の女子に限る）が**妊娠を知ったときから出産までに曝されてよい腹部表面の許容被曝量**
一般公衆が1年間にさらされてよい人工放射線の限度（ICRPの勧告）。放射線業務につく人（放射線業務従事者）（妊娠中の女子に限る）が**妊娠を知ったときから出産までの間での許容被曝量**。
胸部X線撮影による被曝
東京・ニューヨーク間を飛行機で往復した時の被曝量
原子力発電所の事業所境界での**1年間**の線量

人体影響が現れ得る被曝線量領域

0.01　0.1　1　10　100　1000　10000

ミリシーベルト

エネルギー量子線被曝の影響としてはがんの発生が最大の懸念です。現在、日本では1年間に約35万人ががんで亡くなられています。寿命の増加とともに、発がん率は上昇しています。しかし、原因が特定できるがんは、限られています。ただし喫煙による発がん率の上昇はよく調べられており、肺がんでは4.5倍程度、喉頭がんでは30倍以上になるとされています。

エネルギー量子線に被曝しても、ただちに発がんするわけではありません。表2-3で示しますように、500〜1,000 mSv以上の被曝による発がんの可能性はきわめて高くなりますが、低レベルの被曝による発がん率の上昇は、あまりわかっていません。また発がんに至る特定の線量（閾線量と言います）があるかないかも、まだわかってはいません。もし年間積算で1 mSvを被曝した人が発がんしたとしても、それは、他の発がん要因、環境状況、食事、個体差などの統計的要因によるものと区別することは難しく、放射線が原因であるとは特定できません。放射線影響よりも、たとえば残留農薬の影響の方が強いかもしれません。また「がんになるのでは」と思うストレスが、がんを誘発する可能性も否定できません。

一方、非常に少量のエネルギー量子線被曝がもたらす影響について、「むしろ健康によい」との主張もあります。放射線ホルミシスといわれていますが、「少しの被曝は体内活動を活性化するので健康に良い」というわけです。実際にラジウム温泉、ラドン温泉と称される温泉がありますが、これは天然の放射性同位元素であるラジウムまたはラドンが含有された温泉、あるいは、お湯にラドンまたはラジウムを人工的に加えた温泉です。効用があると信じることによって、実際に効用が出てくるような心理的な効果もあるかもしれません。例えばストレスが軽減されることがあり得るので、効用を信じる人が多数いるのも確かです。

福島原発の事故で、放射性物質が撒き散らされましたが、通常の 100 倍程度の被曝量であれば、全くおそれる必要はありません。それによる発がんの確率は、その他の要因による発がんの確率を超えるものではありません。避難生活によるストレス等が疾患（発がんも含む）を引き起こす確率の方が高いかもしれません。表 2-3 に示されていますように、飛行機で東京（成田）—ニューヨーク間を 1 往復しますと約 0.2 mSv 被曝します。年間 10 往復されるビジネスマンは年間 2 mSv の被曝を受けていることになりますが、この被曝による健康障害についてはほとんど気になさっていませんし、時差やビジネスに起因するストレスによる健康障害への影響の方が大きく、たとえなんらかの障害が現れたとしても、放射線によるものであることを証明することはできないでしょう。むしろ、日常を活き活きと働かれていることによって、(気力による) 快復力が通常の人より強くなっているのではないでしょうか。

快眠が、アルツハイマー病の一因であるアミロイドβという物質の脳内からの排出を促進し、アルツハイマー病の発症を遅らせるそうですが、気分良く日常を過ごすことは、病気への快復力を高めます。微量の被曝を気にしすぎて、楽しい生活を過ごせないようですと、人間の快復能力の発揮を妨げてしまうことになりかねません。放射線への過度の懸念を持たれるより、まさに別の原因での体の不調につながることへの懸念を持っていただきたいものだと思います。特に子供への遺伝性影響に関して強く懸念を持たれている方々がいらっしゃるようですが、親の「怖がる様子」は子供にとっては恐怖であったり、ストレスになりかねません。

ご注意いただきたいのは、低い線量率での被曝の人体への影響は、確率論的にしか評価できないことです。「一個人に影響が出るか出ないか」、ではなく、「影響の出る確率が○○%である」と表現されます。例えば0.1%の人に影響が出る、ということは、1,000 人のうち 1 人に影響が出るという意味です。エネルギー量子線がもたらす影響については、無機物、有機物、生物のどれであるかによって大きく異なります。人体では、表 2-2 からもわかりますが、その組織やサイズによっても、大きく異なります。第 4 章で詳しく述べますが、生物では、基本的にサイズが大きくなるにつれて、その構造・組織が複雑になっており、放射線の影響をより受けやすくなります。第 4 章表 4-1 には、各種生物に対する致死線量が比較してあります。微生物に比べ人がいかに影響を受けやすいかは一目瞭然です。

難しいのは、たとえ 1,000 人の 1 人の確率でも、当事者になることが有り得ることです。交通事故に遭遇する確率はかなり高いですが、その場合、自らの掛けた保険金や相手側の掛けた保険金により、金銭的に償うことが、社会的に受け入れられているように見えます。しかし、エネルギー量子線の被曝では、その影響がでる確率の極めて低い場合でも受容されないようです。「放射線の影響をゼロにすべきである」という意見がありますが、自然放射線の影響は避けられませんので、そもそもゼロにすることはできません。化石燃料燃焼による火力発電でも、炭酸ガスやその他の有害物質を排出していますが、どのようなエネルギーであれ、それを使う際には、必ず何らかのリスクを伴います。化石燃料が失われていくなかで、核エネルギーがエネルギー源として受け入れられるようになるには、あるいはそうせざるを得ない事態になったときには、リスクを誰が負い、だれがそれを保証するかを社会的に確立していく必要があると思われます。そのためにも、放射線を「怖がる」のではなく、「恐さ」を正しく認識していただけるようにしていきたいと思っています。

第３章
エネルギー量子線源（放射線源）について

3-1　放射性同位元素

3-1-1　安定同位元素と放射性同位元素

図 3-1 に銅原子の模型を示しています。原子では、原子番号と同じ数の正の電荷をもった原子核を同数の電子が取り巻くように配置されています。原子核は、原子番号と同じ数の陽子とそのほぼ同数あるいはそれより少し多い中性子から形成されています。陽子同士は距離があるとクーロン反発しますが、原子核程度に近接しますと逆に引き合います。これを核力と呼んでいます。中性子と陽子の間にも核力が働きます。核力には中間子が関わっており、これにより原子核が維持されています。陽子とそのほぼ同数の中性子が存在すると安定な原子核となります。陽子数に比べて中性子数が多すぎるあるいは少なすぎると、核は不安定になり、γ 線、電子、陽電子、陽子、He 等を放出して、安定な核種になります。原子番号（または核の陽子数）が同じで、中性子数（従って質量数）が異なる元素を同位元素（アイソトープ：Isotope）と言います。

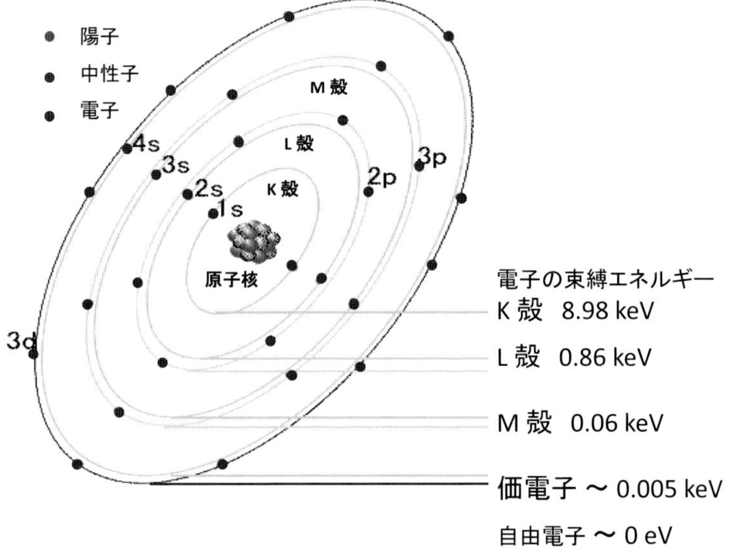

図 3-1　銅原子の模型

元素の表記法として$^{質量数}_{陽子数}Z$が使われます。ここで質量数とは陽子数と中性子数の和であり、陽子数は原子番号と同じで、Zとして元素の名前で記述されます。陽子数と原子番号は同じなので、陽子数を省略して^{質量数}Zと書かれることが多いです。銅の例では、自然界には2種類の安定同位体があり、原子番号が29で、質量数は63と65ですので、$^{29}_{63}Cu$及び$^{29}_{65}Cu$と表記されます。

地球上に自然に存在する原子番号1から92までの元素のほとんどは、それぞれに同位元素をもっていますが、そのほとんどは安定同位元素（Stable Isotope）と呼ばれ、核に余分なエネルギーを持っておらずそのままの状態で安定に存在し続ける元素です（注：通常同位元素は一つひとつの元素の表記法として、同位体はその集合体の表記として使用されています）。

自然の元素には、その核に余分なエネルギーをもっており、エネルギーを放出して安定な同位元素になろうとする放射性同位元素（RI: ラジオアイソトープ：Radio Isotope）が存在しています。通常92個の異なった原子番号をもつ純物質が存在していますが、その中には放射性同位元素を含むものが10種類程度存在しています。水素の同位体である三重水素またはトリチウム（^{3}HまたはT）、^{14}C（炭素-14）、^{40}K（カリウム-40）などがよく知られています。

同じ原子番号の元素であれば物理的、化学的性質が極めて類似していますので、通常は、放射性同位体をのぞくと、安定同位体による区別をしません（安定同位体どうしの物理的、化学的性質のわずかな違いは同位体効果とよばれます。主として質量の違いがその原因です）。放射性同位元素も安定同位元素と同じように振る舞うので、安定同位元素に極めてわずかな放射性同位元素をまぜて（放射性同位元素の検出は、それが放出するエネルギー量子線を検出計数すればよいので、通常の安定同位体に比べ6～9桁（$10^{6\sim9}$倍）検出が容易です）、それの挙動を追跡することが、生物学や医学の領域でしばしば行われています。これを同位元素の挙動を追跡することから、トレーサー（tracer）技術と称しています。

3-1-2　放射性同位元素からのエネルギー（量子線）の放出

図3-2に放射性同位元素のエネルギー放出の3つの典型的なパターンを模式的に示しました。第2章で説明しましたように、Heの原子核（He^{2+}）を放出するα崩壊、電子を放出するβ^{-}またはβ^{+}崩壊、電磁波としてエネルギーを放出するγ崩壊があります。放射性同位元素からのエネルギーの放出は、一定期間ごとに半減するので、その半減する期間を半減期といいます（半減期については第2章2-2-2項をご覧ください）。

水素を例にとってみましょう。通常の水素（軽水素という）は原子番号1で陽子1個からなる原子核とその周りに1個の電子が束縛された状態の元素です（$^{1}_{1}H$と記述されます）。水素にはこのほかに、陽子1個と中性子1個でできた核を持つ重水素（$^{2}_{1}H$または重水素（Deuterium）の頭文字をとってDと記述されます）、陽子1個と中性子2個でできた核を持つ三重水素（$^{3}_{1}H$またはT）が存在しています。このうち三重水素は核に余分なエネルギー（0.0186 MeV）を持っており、不安定で、図3-3に示すように核を構成する中性子の1つが電子を放出して陽子になり元素番号が1つ増してヘリウムになります。余分なエネルギーは電子とヘリウムとに分配されるので電子の持つ最大エネ

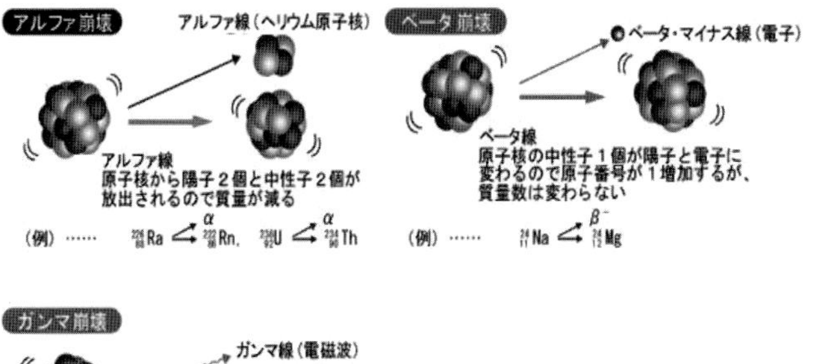

図 3-2　放射性同位元素のエネルギー放出の３つの典型的なパターン

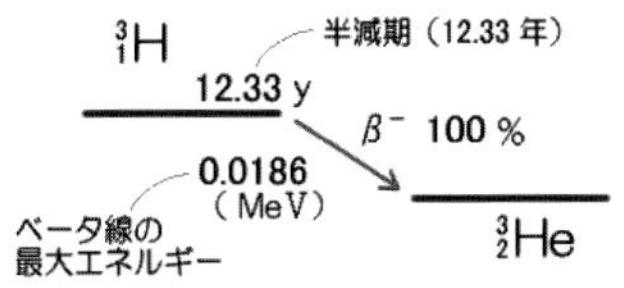

図 3-3　放射性同位元素トリチウムの核崩壊図

ルギーは 0.0186 MeV（18.6 keV）となります。図 3-3 はこのトリチウムの核崩壊図とよばれるもので、エネルギーの高い $^{3}_{1}$H の状態から、半減期 12.33年で β 崩壊し（通常の電子は負の電荷を持っているので β^- と書いて、正の電荷を持つ陽電子 β^+ と区別します）、$^{3}_{2}$He となることを示しています。

3-1-3　自然に存在する放射性同位元素

安定同位元素に何らかの形でエネルギーを与えてやれば、放射性同位元素が作られ、それは、エネルギーを放出して、安定同位元素に戻ります。現在地球上に存在するほとんどの元素は安定同位元素ですが、放射性同位元素も少なからず存在しています。地球誕生当時は、地球全体が膨大なエネルギーを持っており、言い換えると、様々な放射性同位元素があり、それらがエネルギーを放出していましたが、47億年経た現在、放射性同位元素として残っているものは少ないのです。第１章図 1-5 に示しましたように、現在地球上に自然に存在している放射性同位元素には、^{40}K、^{87}Rb、^{147}Sm、^{176}Lu、^{187}Re など、また原子炉の燃料として利用されている ^{232}Th、^{238}U、^{235}U などがあります。これらは半減期が長いため、いまだに消滅せず地球に残っているものです。また第１章図 1-7 では、実際に、食物（根菜）中に ^{40}K がどのように分布しているかを、^{40}K から放出される放射線分布として示しています。

さらに、地球上には、これら超長半減期の放射性同位元素に加えて、ある種の安定同位元素が、宇宙線からそのエネルギーを得て、放射性同位元素に変換されたものが存在しています。先に述べたトリチウムや炭素-14（^{14}C）はその例です。トリチウムは、宇宙線だけでなく 1970 年代に行われた核実験でも生成されました。古来より地球上のトリチウム濃度は、宇宙線で生成されるものと、崩壊によって失われるものが釣り合って、ほぼ一定でありました。しかし、核実験により多量に生成され、自然に存在するものの約 100 倍が地球上に撒き散らされましたが、その後の実験停止により、トリチウムの半減期は短いので、核実験で作られたものはほぼ崩壊消失し、核実験以前の濃度にまで減少しています。^{14}C も同様に宇宙線等で作られるものと、崩壊して消失するものが釣り合っており、古来よりその濃度はほぼ一定です。これは第１章図 1-6 に示した通りです。

生物が生きている間は、代謝により空気中の炭素を取り込んだり、はき出したりしているので、体内の炭素中の ^{14}C の濃度は一定ですが、生物が死ぬと代謝が止まってしまうため、生命活動停止後の生物体内の ^{14}C の濃度は核崩壊により経年減少します。それ故、生命活動を停止した生物体中の ^{14}C 濃度を測定すれば、それが生命活動停止後何年経過しているかが判定できます。考古学ではこれを利用して、発掘された木簡や建物、家具、調度品等の ^{14}C による年代測定を行っています。

天然の放射能を含んだ温泉としてラジウム温泉、ラドン温泉が知られています。ラジウム-226（^{226}Ra）を1億分の1グラム／リットル（1 g/l）以上含むものを「ラジウム温泉」と言い、^{226}Ra が α 崩壊して生成するガス状元素、ラドン-222（^{222}Rn）の濃度が74 Bq/l（ベクレル／リットル）以上を含むものを「ラドン温泉」と言います。微少量のエネルギー量子線による刺激が、健康増進に役立つと信じられている例です。まさに放射線ホルミシスです。Ra や Rn は次に述べるウラン（U）やトリウム（Th）が放射性崩壊してできたものの一部です。

自然の鉱石中にはモナザイトや燐光石など原子炉燃料として使われている ^{235}U、さらには将来的には原子炉燃料となりうる ^{232}Th や ^{238}U を含んでいる物が多数あります。これらが地中に多く存在するとその地域の自然の放射線レベルは当然高くなります。石炭にも Th や U が含まれており、その量は Th、U、ともにおおよそ0.002〜0.02 Bq/g 程度であるとされています。このため火力発電所からの排ガスには Rn が、灰には U や Th さらには Ra が含まれています。石炭灰からの被曝として、火力発電所の灰置き場では、最大 0.2 mSv/y 程度の線量率が想定されています。これは自然放射線量の 1/10 程度です。

3-1-4　自然のエネルギー量子線による人体の被曝

以上のように自然には、エネルギー量子線源として、地球の創世記から残存している放射性同位元素、宇宙線および宇宙線により生成されている放射性同位元素があり、我々はこれらの線源からの様々なエネルギーのエネルギー量子線に曝されています。宇宙からのエネルギー量子線による線量は年間 0.4〜3 mSv です。上空では空気による遮蔽がありませんので、地上からみると高度が1,500 m あがるごとに被曝線量は約 2 倍になります。これに従って、高度約 10,000 メートルの上空を飛行機に乗って東京とニューヨークを往復したとすると、0.2 mSv の被曝をすることになるのです。

自然に存在するエネルギー量子線による被曝としては、先に述べた、食物として取り込まれた放射性同位元素からの被曝、さらには地表からは、U や Th を含んだ地中の燐光石等からの被曝、燐光石から作られたリン肥料などによる被曝、火力発電所、原子力発電所から放出された放射性同位元素、核実験で作られた放射性同位元素からの被曝が加わり、表 3-1 に示したように年間おおよそ、2.4 ミリシーベルト（mSv）となります。ただし、世界中で比べると、第 1 章表 1-2 に示しましたように、場所によってエネルギー量子線のレベルに 100 倍程度の差があります。日本では U が産出した人形峠付近で局地的に 10〜20 倍程度高いところがあるようです。

ところで、すべての恒星はエネルギーを放出しています。太陽はまさに地球のエネルギー源です。恒星は様々な種類およびエネルギーの大きさを持ったエネルギー量子線を放出しています。第 1 章

表 3-1　自然放射線源による被曝の年間実効線量（世界平均）

被曝源	年間実効線量平均値（mSv）
宇宙放射線	
直接電離及び光子成分	0.28
中性子成分	0.1
宇宙線性放射性核種	0.01
宇宙線とその生成核種による合計	0.39
外部大地放射線	
屋外	0.07
屋内	0.41
屋外と屋内の小計	0.48
吸入被曝	
ウラン及びトリウム系列	0.006
ラドン 222	1.15
トロン 220	0.1
吸入被曝小計	1.26
食品摂取被曝	
カリウム 40	0.17
ウラン及びトリウム系	0.12
食品摂取被曝小計	0.29
合計	2.4

［出典］放射線の線源と影響、原子放射線の影響にかんする国連化学委員会の総会に対する2000年報告書、付属書B、実業公報社（2002年3月）、165頁

で示しましたように、人類にとって幸いなことに、生命にとってたいへん危険な、紫外線よりも高いエネルギーを持つエネルギー量子線を大気が遮蔽してくれていますので、人類や他の生命体が地球上で存在し続けることができているのです。

地球誕生後数十億年で、生命が誕生したのですが、この生命の誕生にエネルギー量子線（放射線）が寄与したという説もあります。エネルギー量子線は通常の化学反応では不可能な反応を引き起こすことがありますので、炭素、水素、窒素、リン等からなる無機物質にエネルギー量子線が照射された際に、何らかの化学反応が引き起こされ、有機物質、ひいては生命体を生み出したというのです。また何らかの形で生命体が誕生した後、それがエネルギー量子線の被曝をうけ、突然変異を引き起こすことで、生命の進化になんらかの貢献があったとする説もあります。地球上で生命が誕生した時期には、放射線のレベルは今よりも高かったのは確実であり、放射線が正であれ負であれ少なからずの影響を与えたものと思われますが、いずれも研究途上で、確かなことは言えません。あるいは地球上の生物は、大昔からある程度の放射線の被曝を受け続けてきたので、それに適合するように放射線耐性を高めてきた、言い換えると細胞やDNAが放射線の被曝を受けても自己修復させることができる機能（自己修復機能）を高めてきたように思えます。これについては第8章にまとめてあります。

3-1-5　ヨウ素 131 とセシウム 137 からのエネルギー放出と被曝

福島原発事故で話題になっているセシウムおよびヨウ素の崩壊図を図 3-4 に示しました。ヨウ素-131（^{131}I）はまずβ崩壊して電子を放出し、半減期 8.05 日で準安定なキセノン-131（^{131m}Xe）になります。^{131m}Xe には、様々なエネルギー状態の不安定核がありますが、その余分なエネルギーをほぼ瞬時（ps はピコ秒で 10^{-12} 秒、ns はナノ秒で 10^{-9} 秒）にγ線として放出します。どの放出過程をたどるかは、それぞれ % で示されています。この崩壊によって放出される主なエネルギー量子線は、β線として 0.248 MeV（2.1%）、0.334 MeV（7.27%）、0.606 MeV（89.9%）のエネルギーを持つものがそれぞれ括弧内の確率で、またγ線として 0.0802 MeV（2.62%）、0.284 MeV（6.14%）、0.364 MeV（81.7%）、0.637 MeV（7.17%）のエネルギーを持つものがそれぞれ括弧内の確率で放出されます。エネルギー量子線の放出強度は ^{131}I が 1 kg 当たり 4.6×10^{15} Bq/kg です。

体外被曝としては、β線のエネルギーはほとんど皮膚に付与されてしまいますので、やけどなどの症状が現れますが、発がんのリスクは、体内に進入してエネルギーを付与するγ線に比べて低くなります。体内被曝の場合、ヨウ素は甲状腺に蓄積しやすく、蓄積したヨウ素からのβ線により、甲状腺の組織に直接エネルギーが付与されるため、甲状腺がんの発がん率を高めます。^{131}I を 10,000（10^4）Bq、重さにして 2.2×10^{-9} g、経口摂取したときの実効線量は 0.22 mSv になります。人がヨウ素を吸収する主な経路は、牧草→牛→牛乳→人の食物連鎖です。この移行はすみやかに進み、牛乳中の放射性ヨウ素濃度は牧草上に沈積した 3 日後にピークに達します。牧草から除去される有効半減期は約 5 日です。牧草地 1 m^2 に ^{131}I が 1,000 Bq 沈積すれば、牛乳 1 リットル中に 900 Bq が含まれると推定されています。外部被曝の場合 1 m の距離に 10^8Bq（0.022 mg の ^{131}I に相当する）の小さな線源があると、γ線によって 1 日に 0.0014 mSv 被曝することになります。

^{137}Cs は半減期 30.7 年でβ崩壊して電子を放出し ^{137}Ba となりますが、94.4% はいったん準安定な ^{137m}Ba になった後、半減期 2.6 分でγ崩壊により安定な ^{137}Ba となります。放出されるエネルギー量子線は、β線として 0.512 MeV（94.4%）と 1.174 MeV（5.6%）のどちらかです。さらに 0.512 MeV のβ線を放出した場合は 0.662 MeV（85.1%）のγ線の放出を伴います。エネルギー量子線の放出

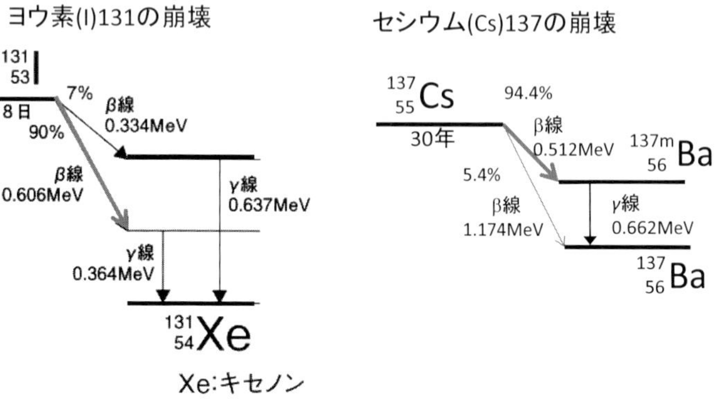

図 3-4　ヨウ素 131 とセシウム 137 の核崩壊図

強度は ^{137}Cs が 1 kg 当たり 3.2×10^{12} Bq/kg です。この値は ^{131}I のものに比べ、かなり小さいです。これは ^{137}Cs は ^{131}I に比べて半減期がかなり長いので、単位時間当たりのエネルギー量子線放出強度が低くなるからです。10^4 Bq の ^{137}Cs を経口摂取したときの実効線量は0.13 mSv になります。また、1 m の距離に 10^8 Bq（320 mg）の線源があると、γ 線によって 1 日に 0.0019 mSv 被曝することになります。

Cs には ^{134}Cs という放射性同位元素もあります。これは半減期が約 2 年と短いので、福島原発の事故の直後には検出されていましたが（第 6 章図 6-3 参照）最近では減衰して非常に弱くなっています。

福島原発の事故で放出された放射線として ^{131}I と ^{137}Cs の放出が話題にされていますが、これは、両者とも長寿命の核種に比べると半減期が短いので、単位時間当たりの放射線の放出強度が強く、またそれ故、放出エネルギーも大きいからです。放出されたであろうその他の放射線源の半減期は表 3-3 にまとめられています。福島原発周辺の放射線強度は 3 回の水素爆発後に大きく上昇した後、徐々に減少していますが、最初の減少はやや急で、半減期のより短い ^{131}I の減衰によるものであり、その半減期 8.05 日が反映されています。その後の減少はやや緩やかになり、^{137}Cs の半減期 30.7 年を反映したものになっていくはずです。さらなる放出がなければ、放射能は徐々に減少していきますが、^{131}I と ^{137}Cs 以外のより半減期の長い放射性同位元素からのエネルギー量子線の放出が計測されるようになると思われます。

3-2　太陽からの放射

太陽は地球のエネルギー源で、その意味では生命線でもあります。太陽でのエネルギー発生は核融合反応によるもので、図 3-5 に示しましたように反応経路は複雑ですが、総合すると 4 個の陽子と 2 個の電子が核融合反応によって ^{4}He になり、それにより発生するエネルギー26.65 MeV が、He の運動エネルギーと、γ 線およびニュートリノとして放出されます。反応はきわめてゆっくりで、しかも太陽の内部でおこるため、反応により放出された γ 線が直接太陽の表面から放出されることはなく、内部でエネルギーの吸放出を繰り返して、波長の長いエックス線や紫外線、可視光に変換されます。

表 3-2 に太陽表面から放出されるエネルギー量子線の種類と、それらのエネルギーが、放出されている全体のエネルギーに占める割合を示しました。ほとんどのエネルギーが紫外線、可視光線、赤外線として放出されています。虹は太陽光が様々な波長を持った光からできていることを我々に教えてくれますが、もう少し詳しく、太陽光がどのような波長の光で、それぞれの波長の強度がどの程度であるかを示したのが図 3-6 です（この図を太陽光スペクトルと呼びます）。最も強いのが0.5 μm 付近の光で、0.4 μm ～100 μm まで拡がっています。このスペクトルは5,750 ℃に加熱された黒体から放出される光スペクトルに類似しており、太陽表面の温度を反映しています。地球は大気に覆われていますので、大気中の水や炭酸ガス等により太陽光の一部が吸収され、地表に届く太陽光の波長分布は櫛形に欠けたものになっています。

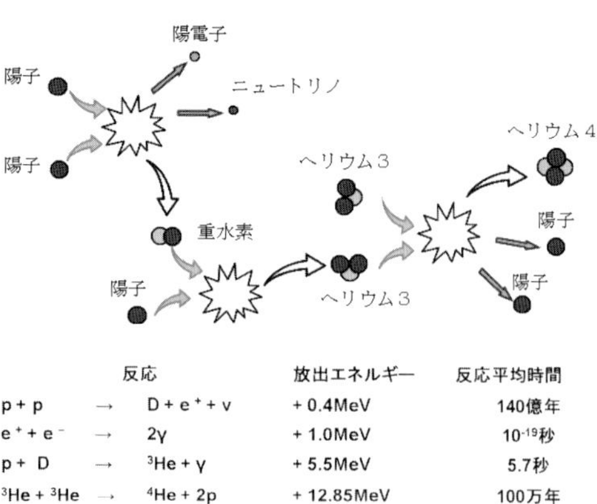

図 3-5　太陽内で起こっている核融合反応

表 3-2　太陽表面から放出されるエネルギー線の種類とその放出割合

エネルギー線種	波長（エネルギー）	放出割合
γ 線	〜10nm (〜0.1 MeV)	ごく微量
X 線	10〜400 nm (100〜1 keV)	ごく微量
紫外線	〜0.4 μm (〜6 eV)	約 7 %
可視光線	0.4 μm 〜0.7 μm	約 47 %
赤外線	0.7 μm 〜100 μm	約 46 %
電波	100 μm 〜	ごく微量
ニュートリノ		無視できるほど微量
α線、β線、電子、He 原子核、陽子		太陽フレア等表面で発生 地上には到達せず

図 3-6 で分かるように、人間にとって危険な紫外線（0.3 μm（10 eV）より短い波長の光）はほとんど地表に到達していないこと、0.5 μm 付近の波長を持つ光（3 eV：ちょうど赤色光に相当）が最も強いこと、赤外領域に広がった光には、大気による吸収があることが分かります。人間にとって危険な紫外線が、ほとんど到達していないことは、地球上で人類をはじめとする生物が生存できた原因でもあります。オーストラリアでは紫外線が強く、皮膚がんの発生率が極めて高いことはよく知られていますが、砂漠やサバンナのような乾燥地帯では、大気中の水等による吸収が少ないのがその原因です。要するに紫外線の照射は、まさにエネルギー量子線の照射なのです。

3-3　原子炉

原子炉ではウラン 235（^{235}U）を燃料としています。^{235}U に中性子(n)を入射させると、図 3-7 および次式に従って、不安定核 ^{236m}U になり、それが核分裂し、核分裂生成物 $^{A}Z_1$ と $^{B}Z_2$ を生成すると同

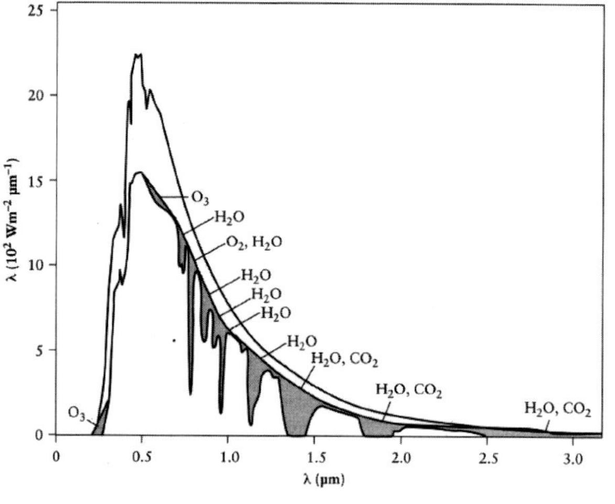

図 3-6　太陽からの光の波長分布

大気圏と地上とで比較すると、大気により、灰色部のように水や二酸化炭素による吸収があることが分かります。
［出典］J. P. Peinuto and A. H. Oort, Physics of Climate, American Institute of Physics NY, 1992

時に N 個の中性子と γ 線を放出します。

$$n + {}^{235}U \rightarrow {}^{236m}U \rightarrow {}^{A}Z_1 + {}^{B}Z_2 + Nn + \gamma's$$

放出されるエネルギーは右辺の質量総和と左辺の質量の総和との差を Δm として

$$E = \Delta m \times c^2$$

で与えられます。ただし c は光の速度です。核分裂反応で生成するのは特定の核種に定まっているわけではなく、図 3-8 のように質量数が 100 程度以下の核と、質量数が 100 程度以上の核とになります。また反応に応じて、発生する中性子数 N は N = (1+235) − (A+B) となります。

反応の 1 例として

$$n + {}^{235}U \rightarrow \quad \rightarrow {}^{144}Ba + {}^{89}Kr + 3n + \gamma's$$

を挙げることができます。

この場合反応前と反応後の質量差から 173 MeV のエネルギーが放出され、^{144}Ba と ^{89}Kr の 2 つの核分裂生成物（FP、Fission products）と 3 個の中性子の運動エネルギー、および γ 線エネルギーに分配されます。核分裂には様々な様式があり、それに応じて発生するエネルギーがやや異なりますが、平均すると 1 つの核分裂当たり、180 MeV のエネルギーが放出されます。発生したエネルギーは $^{A}Z_1$ と $^{B}Z_2$ の核の運動エネルギー（168 MeV）と、N 個の中性子の運動エネルギー（4.8 MeV）、γ 線のエネルギー（7.5 MeV）に分配されます。しかし、生成した核 $^{A}Z_1$ と $^{B}Z_2$ は必ずしも安定な核にならず、余分なエネルギーを保存した核、すなわち放射性同位元素になります。表 3-3 に 1 個の ^{235}U が核分裂したときに発生する核分裂生成元素の種類と、発生割合、およびその半減期を示しました。問題になっている Cs や I の生成が多いことが分かります。ほとんどの核分裂生成元素は、放射性同位体ですが、中には ^{149}Sm や ^{157}Gd のように放射性でない（核に余分なエネルギーを持っていない）元素もあることが分かります。

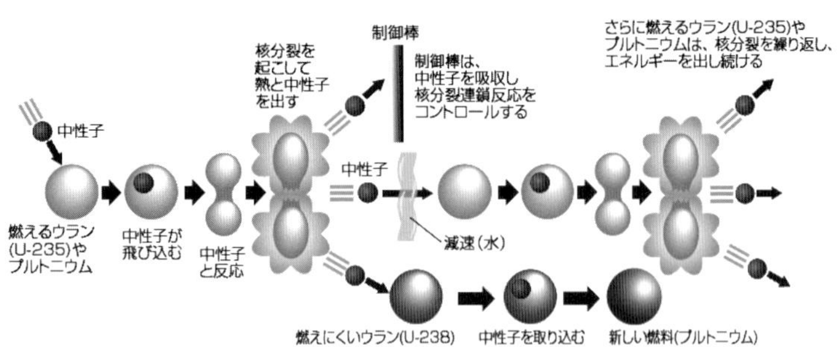

図 3-7　ウランの核分裂の模式図

［出典］www.athome.tsuruga.fukui.jp　許可を得て転載

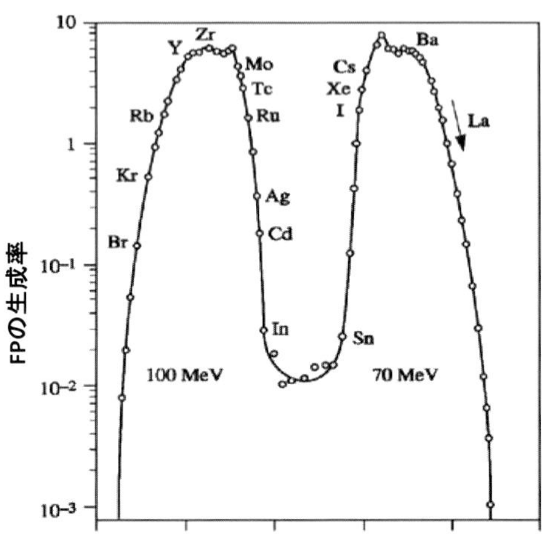

図 3-8　^{235}U の核分裂により生成する核分裂生成物（FP）の質量数分布

［出典］B. R. T. Frost, R.I.C. Reviews, 1969

1 回の核分裂反応で約 180 MeV のエネルギーが放出されます。原子炉等ではこのエネルギーの大半を熱エネルギーに変換し、発電しているわけです。しかし、そのうちの約 8 %、すなわち 14.4 MeV は、核分裂反応によって生成する放射性同位元素に核エネルギーとして分配蓄積され、その後、各放射性同位元素から半減期に従って急激または徐々に放出されています。福島原発で核燃料から冷却が必要な熱の放出が続いているのは、まさにこの核分裂の結果生成された放射性同位元素からのエネルギーの放出によるものなのです。

1 回の核分裂で発生する中性子数は 2 より多いので、ある量以上（臨界量）の多量の ^{235}U が存在すると、余分な中性子が次々に反応を起こすいわゆる連鎖的な核反応が引き起こされます。条件によっては爆発的反応になります。これが原子爆弾の原理です。自然に存在する U はそのままでは核分裂反応を引き起こさない ^{238}U がその大半を占めており、^{235}U は 0.7 % 含まれているだけです。このため自然のウランだけでは、爆弾を作ることはできません。^{235}U を濃縮する必要があるのです。原子炉では、図 3-9 に示されていますように核分裂反応によって発生する中性子の一部を、制御棒

表 3-3　^{235}U の核分裂で発生する生成物

1 個の ^{235}U の核分裂で発生する割合	核分裂生成物名	半減期
数 %	^{132}Te	8.02 日
6.7896%	^{133}Cs → ^{134}Cs	2.065 年
6.3333%	^{135}I → ^{135}Xe	6.57 時間
6.2956%	^{93}Zr	153 万年
6.0899%	^{137}Cs	30.17 年
6.0507%	^{99}Tc	21.1 万年
5.7518%	^{90}Sr	28.9 年
2.8336%	^{131}I	8.02 日
2.2713%	^{147}Pm	2.62 年
1.0888%	^{149}Sm	非放射性
0.6576%	^{129}I	1,570 万年
0.4203%	^{151}Sm	90 年
0.3912%	^{106}Ru	373.6 日
0.2717%	^{85}Kr	10.78 年
0.1629%	^{107}Pd	650 万年
0.0508%	^{79}Se	32.7 万年
0.0330%	^{155}Eu → ^{155}Gd	4.76 年
0.0297%	^{125}Sb	2.76 年
0.0236%	^{126}Sn	23 万年
0.0065%	^{157}Gd	非放射性
0.0003%	^{113m}Cd	14.1 年

と言われる中性子吸収材（ボロン（^{10}B）やカドミウム（^{113}Cd）が使われています）によって取り去ることにより、連鎖反応は継続させる一方で、反応が暴走しないよう中性子量を制御してエネルギーを取り出しているのです。ただし ^{238}U は中性子を吸収し ^{239}Pu になります。^{239}Pu はさらに中性子を吸収すると核分裂反応を引き起こします。高速増殖炉はこれを利用して ^{239}Pu の生成（増殖）と発電を同時に行うものです。

通常発電に使われている原子炉は軽水炉と言われているもので、核分裂反応で発生する中性子はそのままではエネルギーが大きすぎるので、水にそのエネルギーを吸収させ中性子のエネルギーを低くして（中性子の減速といい、水を減速材と呼びます）、核反応を継続させています。図 3-9のように燃料には二酸化ウランを用い、これをジルコニウム（Zr）を主成分とするジルカロイ（Zircalloy）という合金のさや（被覆管）に入れたもの（燃料棒または Fuel Rod と呼びます）を、8 × 8本束ね（Fuel Assembly)、それを原子炉内に敷き詰めています。被覆管の酸化は、原子炉の運転温度では進みませんので、核分裂反応により発生した核分裂生成物（FP）をその中に閉じこめる役割も果たしています。

今回福島原発で水素爆発が起こったのは、ジルカロイ合金中の主成分である Zr は高温になると水と反応して ZrO_2 になり、その際に水素を発生させるためです。

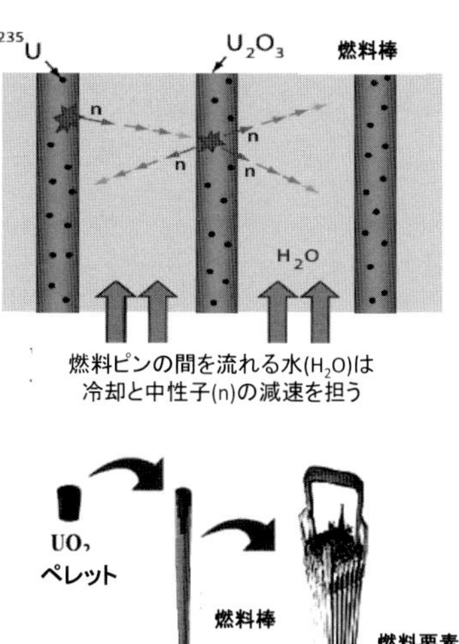

図 3-9　水による中性子の減速（上図）と実際の燃料棒の形状（下図）

$$Zr + 2\,H_2O \rightarrow ZrO_2 + 2\,H_2$$

このため、原子炉は何事が起こっても燃料棒が高温にならないよう設計されており、事故時対応として緊急炉心冷却装置も取り付けられております。福島原発事故の際には、この緊急炉心冷却装置が最初は働いたのですが、電源を喪失したことにより止まってしまったようです。高温ではZr-水反応は発熱反応なので、温度が上昇すれば反応速度がより上がります。海水注入による冷却を決断するまでの遅れが、今回の事故を大きくした原因の一つと言えましょう。またこの酸化により、燃料が溶融しなくても被覆管はその機能を失い燃料が露出、水とも反応して、FP放出に至ります。使用済み燃料プールでも燃料は発熱を続けていますから冷却水がなくなるまたは冷却が不十分で、燃料棒の一部が露出するようなことになると、被覆管が壊れて棒内に閉じこめられているべきFPが放出されることになります。

3-4　福島原発

次に、福島原発で放出されたFPを考えてみましょう。図3-8および表3-3で示されているようにFPには様々な種類があります。福島原発事故で問題となっているFPとしてセシウムとヨウ素は生成率が高いだけでなく、両者とも蒸気圧が高いので、被覆管がFPの閉じこめ機能を果たさなくなればただちに放出されることになります。表3-3で、発生率の高い^{132}Teも放出されたことが分かっています。また、初期には^{90}Srも検出されています。発生率の高い^{132}Teは事故直後の線量には大きな寄与をしていましたが、半減期が3.2日と極めて短いので減衰が著しく、現在ではほとんど消失してしまいました。基本的には、半減期の短い放射性同位元素は短期間でそのエネルギーを放出しようとしますから、放出するエネルギー量子線の個々のエネルギーは同位体によってそれぞれ異なりますが、放出エネルギー量子線放出強度（Bq 数）は高くなります。従って、半減期が短く、かつ融点の低い（蒸気圧の高い）元素が、事故直後は多く検出されるのです。事故からすでに 6 年以上経過した現在では、半減期が約 30 年の Cs からのエネルギーの放出が続いています。また、逆に今もし ^{132}Te が検出されたとしたら、新たな核反応が発生したことになります。事故後に、新たな ^{132}Te は検出されていませんので、炉内で特に大きな異常（例えば再臨界およびそれに伴うエネルギーの放出）は起こらなかったことを示しています（第 6 章図 6-3 に福島原発事故の初期に測定されたエネルギー量子線のエネルギースペクトルを示してありますが、ここで述べている放射性同位体のほとんどが検出されていることが分かります）。

第 1 章で述べましたが、第 2 次世界大戦後の列強大国による大気圏内での核実験により、FP が世界中に撒き散らされました。そのため、戦後 1955 年頃から 1963 年にかけて、大気中のエネルギー量子線量は自然放射能からのものより 2〜3 桁高くなっていきました。しかし 1963 年に部分核軍縮協定が締結されて以降、大気圏内核実験がほとんど行われていませんので、大気中の線量率は減少の一途をたどっています。チェルノブイリやスリーマイル島（TMI）の原発事故でも、検出可能な程度のエネルギー量子線量の上昇がありましたが、減衰傾向を変えるほどではありませんでした。今回の原発事故でも、福島から遠く離れた九州にある玄海原子力発電所の敷地内でも Cs が検出されています（もちろん影響のあるレベルではありません）。大気中に撒き散らされた放射性 FP は様々で、それらの半減期によって減衰の仕方が異なりますが、半減期の短い ^{3}H や ^{14}C による線量は、それぞれ 1/50、1/10 程度以下になり、現在では、これらの FP による線量はほぼ第 2 次世界大戦以前のレベルになっています。Cs や I も半減期に従って減少していますが、^{137}Cs の半減期が約 30 年ですから、現在当初の約 2/3 に減衰していることになります。様々な放射性 FP があったことを考慮して、現在の測定結果から 1963 年当時の線量率を予測すると、地上での線量率は現在の 10 倍以上であったと考えられます。その当時、人々が生活しているような場所での計測データはほとんどありませんが、現在の通常時の線量率が 0.01〜0.1 µSv/h 程度ですので、当時はその約 10 倍以上、すなわち、0.1〜1 µSv/h 以上、現在の福島市の線量率程度以上であったと推定されます。

部分核軍縮協定が締結された 1963 年から約 50 年以上経過した今、先進国でのがんの罹患率は桁違いに高くなっていますが、それは放射線によるものではありません。生活スタイルの変化、寿命の増加が主因です。それ故、後年現れる（かもしれない）被曝の影響を、推し量ることは難しいのです。もちろん、これで、福島が安全であるということを主張するものではありませんが、少なくとも落ち着いて行動していただくための判断基準にはしていただけるかと思います。

第 6 章で詳述しますが、エネルギー量子線（放射線）の種類を測定することによって、今何が起こっているかを推測することは可能です。エネルギー量子線は目に見えませんが、計測は容易です。信頼できる計測装置（日本国内で販売されている装置の多くは信頼できるものです）で計測を続けることが、安全を確保し、安心につながることになるかと思います。

3-5　人工エネルギー量子線源

科学技術の発展は、人間の力により、様々な方式あるいはメカニズムを利用して、エネルギー量子を発生させることを可能にしています。自然の放射線（エネルギー量子線）と人工のエネルギー量子線は違うものであると信じていらっしゃるかもしれませんが、両者はエネルギーを運ぶ粒子の種類と運ぶエネルギーが同じであれば、当たりまえですが、全く同一の物です。

歴史的には、多量の人工放射性物質の生成が原子爆弾によっており、しかも環境に撒き散らされた、あるいはその発生を知らなかった（知らされていなかった）人々に降り注いだのは、大変不幸なことでした。エネルギー利用の観点からもまた然りです。

この本で述べてきましたように、科学技術の発展により、放射線とはエネルギー量子線のことであり、高いエネルギーを運んでいるエネルギー量子線は、我々が放射線として嫌っているものであることが理解できるようになった今、自然・人工の垣根を取り払ってそれを制御し、安全に取り扱える状態になっていることを認識していただきたいと思います。以下では、人工エネルギー量子線源として、加速器とX線発生装置、及び最近進展の目覚ましいレーザーについて、自然放射線との比較を交えながら紹介しております。

3-5-1　加速器

電荷を持ったエネルギー量子、例えば陽子（H^+）や電子（e^-）を作ることは、それほど難しいことではありません。第1章図1-2を見ていただければ分かりますように、原子に数eVのエネルギーを与えますと、原子内の電子が原子核の束縛から離れ、原子がイオン化されます。イオン化に必要なエネルギーはアルカリ金属などでは特に小さく、2,000 ℃程度に加熱するだけで、その一部をイオン化することができます。そこで、加熱のためのフィラメントと正負電極とを、図3-10に示しましたように真空中または低圧ガス中に配置しますと、真空中ならば加熱によりフィラメントから電子が放出されてきます（熱電子といいます）。それに静電場（両電極間に電位差（電圧））を負荷すると、電子は加速され、高エネルギーの電子線となります。次項で述べるX線の発生装置はまさに、この原理をそのまま使用しています。また、わずかなガスが系内に存在したり、フィラメントから物質を蒸発させたりしますと、ガス中の分子や原子が電子によってイオン化されます。イオンは正の電荷を持っていますので、負の電荷を持つ電子とは正負が逆の静電場を負荷してやればイオンを加速する（エネルギーを与えてやる）ことができます。用意できる最大の両電極間の電位差（電圧）は、電源と絶縁によりますが、百万ボルト（1 MV）程度なので、この原理により作られた電子線や、イオンビームが利用でき、それらの粒子エネルギーは1 MeVとなります。通常の電子顕微鏡は、数百keVに加速した電子線を利用しています。またこのエネルギーは、放射性同位元素^{137}Csが放出する512 keVの電子のエネルギーに匹敵していますし、^{131}Iが放出する電子の平均エネルギー190 keVよりも大きいのです。要するに、我々人類は、このような原理的には簡単な方法で（実際

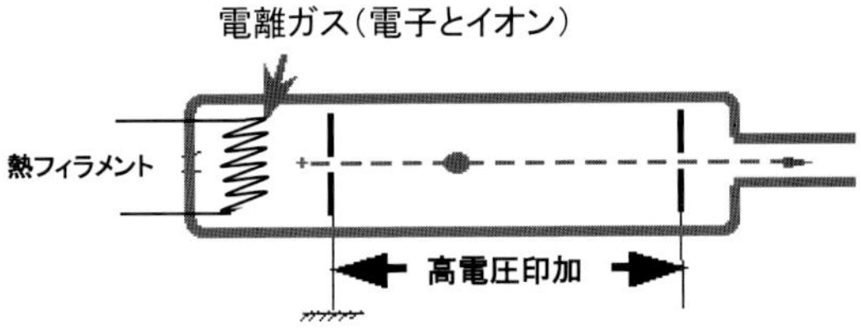

図 3-10　静電加速器の原理

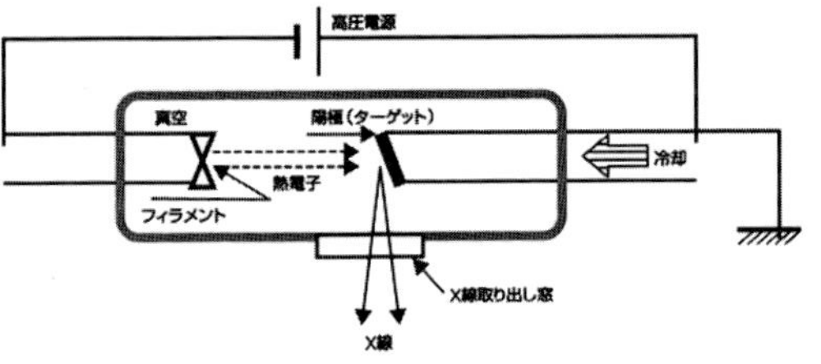

図 3-11　X 線発生装置の原理

にそれを作るのは容易ではありませんが)、自然に存在する放射線のエネルギーより高いエネルギーをもつエネルギー量子線を作り、利用しているのです。

さらに高いエネルギーを発生させる加速器も実現しております。高エネルギー研究所等では、MeV より3桁大きい GeV の陽子線あるいはもっと重い粒子線を発生させています。日本の名前がつけられた元素、ニホニウムはまさにこのようにして加速された元素イオン同士を衝突させ、さらに重い元素を生成する手法で、作られたものです。

3-5-2　X 線発生装置

現代社会では、X 線は様々な用途で利用されています。図 3-11 はその発生原理図です。加速器の原理で示したように、まず熱電子を発生させ、これをターゲットと称する正電位が与えられた電極に向けて加速し、衝突させるのです。電子のエネルギーが十分大きいと、図 3-12(c)に示しましたように、ターゲットとして使われている物質（通常銅やタングステンが使われています。ここでは銅を例に取ります）に入射した電子は、銅原子に強く束縛されている内殻の電子と衝突し、これをはじき飛ばします。はじき飛ばされた電子の後（電子空孔といいます）に、外殻から電子が引っ張り込まれます。この際に余ったエネルギーが、電磁波（X 線）として放出されます。これが、特性 X 線といわれるものです。図 3-12(c)には実際に発生する X 線のエネルギースペクトルを示しています。図 3-12(b)の電子の束縛エネルギーから分かりますように入射電子のエネルギーが低いと内殻に電子空孔を作れませんので、特性 X 線は発生していないことが分かります（図 3-12(c)では 8 keV)。また低エネルギー側に発生した X 線がターゲット内でエネルギーを失って低いエネルギーとなっていることも分かります。エネルギー量子線は、それの持つエネルギーの違いにより、物質との相互

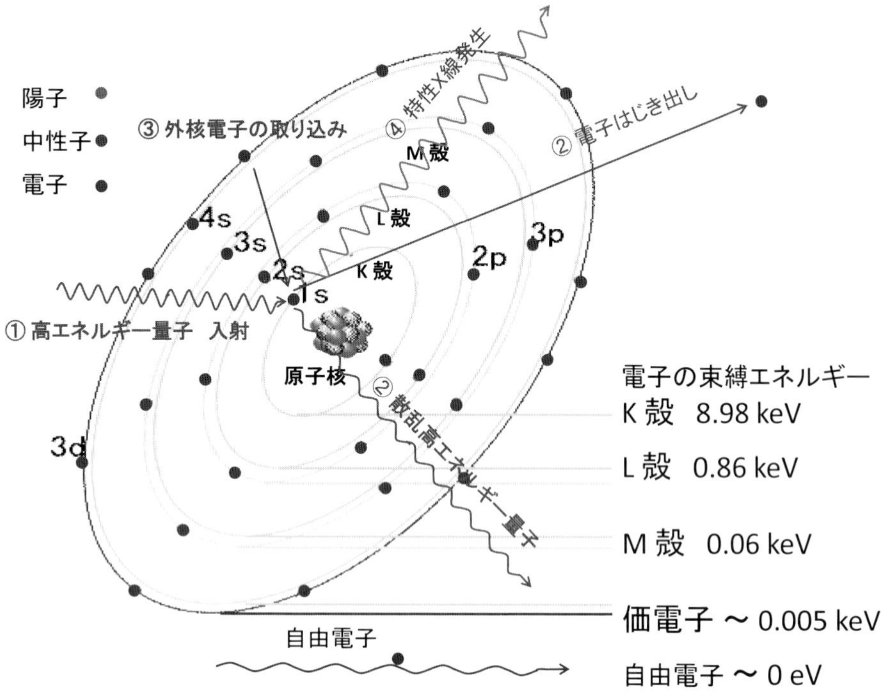

図 3-12 (a) 銅原子をターゲットとした X 線の発生原理

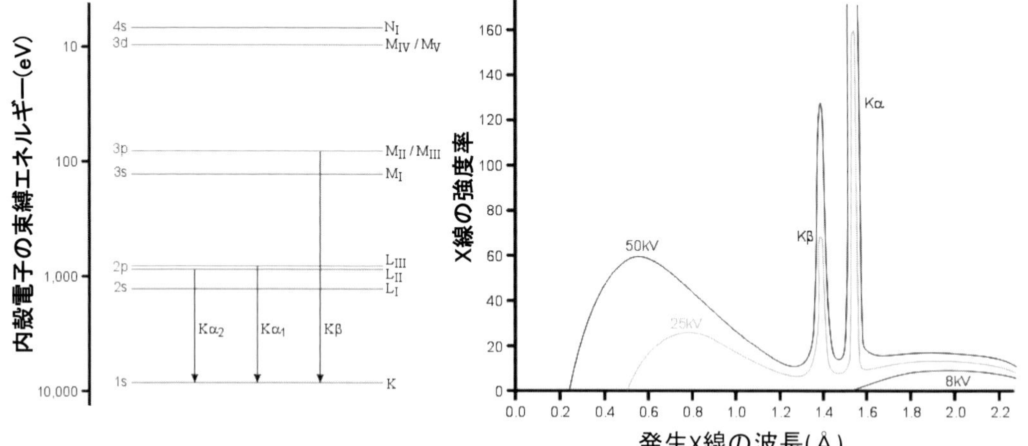

図 3-12 (b) 銅原子の内殻電子の束縛エネルギー

図 3-12 (c) 入射電子線のエネルギーが 8 keV、25 keV、50 keV とした場合に発生する X 線のエネルギー分布（入射電子のエネルギーが特性 X 線（Kα、Kβ）以上でないと特性 X 線は発生しない）

作用が、大きく異なる一例です。

X線発生装置では高エネルギーの電子を使いますが、電子の代わりに同じエネルギーのX線を使っても、電子と同じようにX線を発生させることができます。蛍光X線分析装置と呼ばれるものでは、物質に高エネルギーX線を照射し、それにより発生するX線のエネルギー分布を測定します。特性X線は元素に固有のエネルギーを持ちますので、X線のエネルギー分布を調べることによりどのような元素が含まれていたかを特定することができます。X線照射により電子も発生します。発生する電子のエネルギー分布を測定するとX線励起光電子分光（XPS, X-ray induced Photoelectron Spectroscopy）として、X線と同じように元素を特定するのに利用されています。

さて、重い物質と軽い物質とでは、それらにX線が入射したときに失うエネルギーが大きく異なり、軽い物質ではエネルギーを失わずに透過、重い物質では透過しにくくなることを利用して、X線投影写真を得ています。胃の投影写真を撮る際にバリウムを服飲するのは、陰影をよりはっきりさせるためです。X線投影により、物質の内部の様子を知ることができますので、非破壊検査に常用されています。より厚くて重いものの非破壊検査には、さらにエネルギーの高いX線を利用しますが、人工的に発生させることは難しくなります。その場合は、放射性同位元素から放出されるγ線を利用します。

このように、人工であるか否かを問わず、エネルギー量子線は、その素性が分かればそれを制御、計測することによって、有効に使うことができます。もちろんエネルギー量子線ですから、人体に影響がないように、遮蔽や隔離が必要なのは論を待ちません。

3-5-3　レーザー

最近は、様々な場所、機会でレーザーが使われていることは皆様ご承知の通りです。レーザーは、電磁波そのものです。最近の技術の進歩により、エネルギー、強度、連続性、パルス幅などが様々に異なるレーザーが開発され使用されています。ここではレーザーを使う際に考えておくべき極めて重要な特性、パワーに注目していただきます。

レーザーは可視光である場合が多いので、レンズで集光することができ、単位面積当たりに照射されるパワーを高めることができます。これにより、工業用にはレーザーカッター、医療用にはレーザーメスが開発されました。連続で出力されるレーザーでは話は簡単で、レーザーパワーに出力時間を乗じれば、照射されたエネルギーが算出できます。レーザーをパルス状にしますと、パワーをさらに高めることができます。仮に連続で1秒間に1Jのエネルギーを出力できるレーザーを考えますと、その出力パワーは1Wです。1Jのエネルギーを0.1秒で出力できるようにしますと、出力パワーは10Wになります。最近レーザーの短パルス化の技術進展は目覚ましく、フェムト秒レーザーといって10^{-15}秒間だけパワーを出せるレーザーも手に入るようになりました。もしこのレーザーが1Jのエネルギーを10^{-15}秒間で出力すると、そのパワーは実に10^{15}Wになります。10^{15}をペタ（peta）と言いますので、ペタワットレーザーとして実現しています。

レーザー研究者に1つの夢があります。さらにパワーを強くすることができれば、直接原子核に打ち込み、核内部のエネルギー状態を変えて、核分裂や核破砕ができるのではということです。放射性同位元素はもともと、安定同位元素に比べ不安定（余計なエネルギーを持っている）なので、これに超強力なレーザーパワーを打ち込んでさらに余分なエネルギーを与え不安定さを増し、核崩壊を促して半減期を短くできることになるのです。

実は、エネルギーのやりとりと時間には、第1章図1-2のような関係があって、パワーだけで実現するわけではありません。しかし、10^{-18}秒間に1Jのエネルギーが出力できるエクサジュールレーザー（エクサ（exa）は10^{18}を意味します）が実現すると、その夢に近付くのではないかと思われます。

もしこれが実現すると、今まで不可侵あるいは、原子炉でのみ可能であった、核エネルギーの領域までもっと簡単に制御できることになります。この本が何故、「エネルギーの視点からみた放射線」と題されているか分かっていただけたことと思います。

第４章
エネルギー量子線の物質（無機物、有機物、生物）への影響

4-1　被曝の影響評価について

4-1-1　なぜ安心安全な被曝線量を明言できないのか

福島の原発事故により放射性物質が環境に撒き散らされたことから、その地域の人々に限らず、多くの人々が、「絶対安全なのは何シーベルト以下の被曝か？」を知りたいと思っておられるようです。しかし、低い線量（概ね年間 100 mSv（ミリシーベルト）以下）の被曝の場合、個人に対して、それ以下の被曝量なら健康被害がない被曝線量（閾線量と呼びます）を特定することはできません。低ければ低いほど良いと思われますが、低いことが必ずしも絶対の条件ではなさそうです。第２章で紹介しました放射線ホルミシスの考え方に立ちますと、ある程度のエネルギー量子線（放射線）被曝、すなわち自然放射線被曝より少し高い程度の被曝は、健康増進効果があり得ることになります。厳しい環境が食物の生育を促進することがあるとの報告がありますが、ある程度の刺激が優れた性質を引き出すのに必要だとすれば、自然に存在していた放射線は、人類にも刺激を与え続けていたのかもしれません。これについては、第８章でも論じています。

自然放射線による１年間の被曝の世界平均は 2.4 mSv です。有史以来、人類は、そのような自然のエネルギー量子線に曝され続けていることで、ある程度の被曝に対する耐性あるいは回復能を獲得しており、これを持続するには、ある程度の線量のエネルギー量子線に曝され続ける必要があるのかもしれません（誤解しないでいただきたいのですが、これは、被曝を奨励するものではありません）。

ともあれ、日本人の年間放射線被曝線量は平均約 6 mSv ですが、そのうちの約 1/3 の 2.1 mSv が自然放射線によるもので、約 2/3 の 3.7 mSv は医療によるものです。日本人の医療による被曝は世界標準よりもかなり大きくなっています。被曝を伴いますが、健康診断や治療等で放射線を使うことにより得られるメリットは、被曝によるデメリットを凌駕しているということでしょうか。また、発展途上国では、放射線治療を受けることは難しいのが現状ですから、人類にとって医療被曝をどう評価するかは、簡単ではありません。

4-1-2　被曝の確定的影響と確率的影響

軽微なエネルギー量子線の被曝において、その影響が人体（生物）に現れる閾線量がないことは、例えば農薬の被害でも同様です。農薬も、このレベルまでなら摂取しても絶対安全と言える閾値はありません。このような場合、確率論的評価と言って、ある量の被曝あるいは農薬の摂取をすると、10万人のうち何人に、何らかの健康被害が出るという評価をします。エネルギー量子線による被曝の場合も、同じような評価を行いますので、それを被曝による影響の確率的影響といいます。過去に使われていた農薬の場合は、沢山の人が田や畑あるいは町中でそれに曝されましたから、実際に10万人中何人に影響が出たかなどのデータが存在する場合があります。しかしエネルギー量子線の場合は、人体実験を行うわけにはいきませんから、たまたま不具合や事故でエネルギー量子線に曝された人々、あるいは被曝がやむを得なかった職業人のデータが蓄積されているだけです。広島、長崎で被曝された方々のデータは、貴重なもので、被曝影響評価に極めて重要な役割を担ってきておりますし、今後も重要です。実際に健康に被害が出るような被曝を受ける人の数は、非常に少ないので、1,000人に対して数人程度の影響が出ると考えられるような場合ですら、それを確認することは極めて困難です。

そこで、明らかに健康被害が出たような高い線量の被曝を受けた人々（広島、長崎で被曝された人々、放射線治療およびそれに従事された人々、事故等により被曝された人々）のデータを整理して、被曝線量に対して、被曝の影響が出る確率を示す何らかの理論あるいはモデルを作り、それを低い線量域に外挿し、確率的影響を予測しているのが現状です。

短時間に1 Svを超えるような被曝を受けますと、個体に確実に影響が出ます。そのような強い被曝による影響を、確定的影響（1977年ICRP勧告では、非確率的影響）といいます。被曝により発現し、被曝線量の増加に伴い重篤度が増す放射線障害として脱毛、不妊、白内障等が知られていますが、それぞれの障害が発生するおおよその閾線量が上に述べたような被曝の例から定められています。第2章表2-3で示しました被曝線量と人体への影響は、まさにこれを示したものです。また短期間の被曝による致死線量も表4-1のように調べられています。とはいえ、この致死線量も個体によって大きく異なるので、同じ被曝を受けた生物体の約半分が死ぬ線量として表されているだけでなく、その値も個体によって2倍以上の開きがあります。表ではGyで示されていますが、すでに述べたようにGyの値とSvの値とには、あまり大きな差はありません。人は一時期に、数Sv

表4-1　各種生物に対する致死線量

生物	致死線量（Gy）
哺乳動物	5 ～ 10
昆虫	10 ～ 1,000
細菌の栄養細胞	500 ～ 10,000
細菌の胞子	10,000 ～ 50,000
ウイルス	10,000 ～ 200,000

［出典］http://takafoir.taka.jaea.go.jp/dbdocs/006001003013.html

(1 Sv = 1,000 mSv) の被曝を受けると、確実に生命の危機に曝されるのです。

人間のエネルギー量子線被曝による致死線量は、ウイルスや細菌に比べて、桁違いに小さい値です。生物が高等であればあるほどその組織は複雑で、エネルギー量子線照射の影響を受けやすいのです。

4-1-3　低線量被曝の影響評価と被曝低減

さて、「被曝線量は可能な限り低く抑えるべき」であることは論を待ちません。しかし、今回の福島原発事故により被曝を余儀なくされている人々、あるいは、放射線環境下で働いている人々には、健康に被害が現れない目安として被曝線量に上限を政府が設定し、それ以上の被曝を避けるようにしています。この上限線量は、日常生活における罹がん率（日本ではがんによる年間死者数は約35万人（10万人に対して300人程度）、自殺者約3万人（同25人）、交通事故死は約5千人（同4人）となっています）を明らかに超えない程度を目安として設定されています。とはいえ、がんで亡くなられる方は増え続けていますので、その比較にも問題がありますし、個人個人の生活スタイルによって大きく変わります。例えばたばこを吸う人の肺がんへの罹患率が、吸わない人に比べて3倍程度高いことが知られています。個人の生活スタイルだけでなく、後に詳述しますが、人には不具合からの回復能力があり、その回復能力は個人によって大きく異なりますので、エネルギー量子線被曝による、例えばがんへの罹患率は、個人によって非常に大きく異なります。そのような個体差を見越して、図4-1に示しましたように、高い線量の被曝を受けた方々のデータから、低い線量域に外挿して確率的に1,000人に対して1人程度に影響が出る、というのが年間20～100 mSvという値で、これはICRP（国際放射線防護委員会）という国際機関で専門家が集い議論した結果として導入された値です。最新の勧告は2007年に行われており、福島原発後もこれに準じて、「緊急時に公衆の防護のために、委員会は、国の機関が、最も高い計画的な被ばく線量として20～100 mSvの範

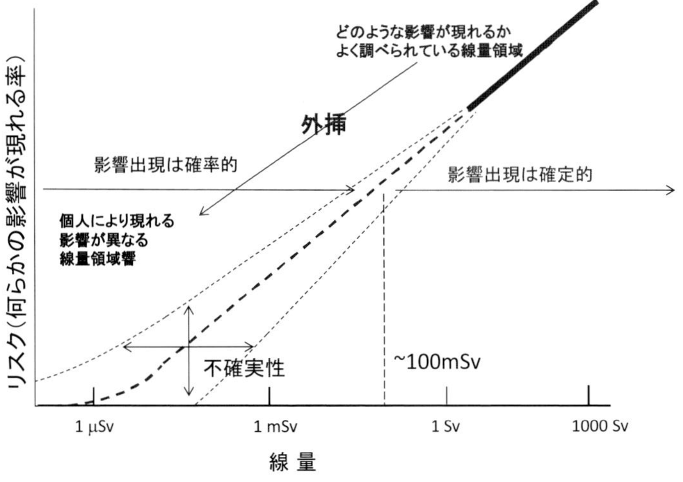

図4-1　低線量被曝における確率的影響の導出

囲で参考レベルを設定すること（ICRP 2007 年勧告、表8）をそのまま変更することなしに用いること」（ICRP ref: 4847-5603-4313、2011 年 3 月 21 日）と勧告されています。これに基づいて、政府は福島原発で影響を受けた地域で予想される年間被曝線量が 20 mSv 以上になる地域を計画的避難区域と設定し、かつ影響を受けている地域の住民の年間被曝線量を 20 mSv 以下にするように設定しなおしたのです。それ以前は、一般人の被曝線量は年間 1 mSv 以下にすることになっておりましたので、一気に 20 倍引き上げられたことになり、不安が広がっているようです。1 mSv の値も、ICRP の勧告に基づいて決められてはいたのですが、安全を考慮して 20 mSv からさらに低い値に定めていたのです。1/20 に学術的な根拠があるかと問われれば「NO」と言わざるを得ません。通常運転時の原子炉からの放射性物質の排出の場合でも、これと同じように、法律に定める排出許可値に対して、安全性を考慮して自己規制をかけ、さらに 1/10 程度に抑えられています。

最初の疑問に戻りますが、「絶対安全なのは何シーベルト（Sv）以下の被曝ですか？」を「年間 20 mSv 以下の被曝なら絶対安全ですか？」と変えても、「NO」と答えざるを得ないと思われます。しかし同じように「1 mSv 以下なら絶対安全ですか？」と問われればやはり「NO」と答えざるを得ません。100 mSv 程度以下の被曝なら、すぐにはその影響は現れないとされています。懸念されるのは、後年になって、特に子供に、なんらかの影響が出てくるのではないかということです。しかし、これは個人差、個人のその後の生活環境による差の影響の方が大きく、何十年もたってから、過去の被曝の影響でしたと決めることは極めて難しいことになると思われます。

いずれにしろ、長期被曝を決定する要因は、体内被曝です。低線量の体外被曝の場合は、問題にすべきは γ 線だけですが、エネルギー量子線源が体内に取り込まれた体内被曝の場合は、α、β、γ を含むすべてのエネルギー量子線が問題となります。第 1 章で述べたように、体内に取り込まれた線源は、生物的半減期によって排泄されますが、トリチウムを除くと、その半減期は、日あるいは週単位というわけにはいきません。どのような線源であれ、体外に排出されてしまうまで、取り込まれた器官やその周りの特定の器官が被曝し続けることになります。体外被曝は、線源を取り除く、あるいは線源に近付かないようにすれば減らすことができます。福島原発事故で原子炉周辺の土壌に降り注いだ線源は、すでに撒き散らされてから 6 年たっていますので、雨でかなりしみこんでいるようですが、土壌表面や、野外にさらされた構造物の表面の付着物を、例えば粘着テープのようなもので取り除くだけでも、低減効果はあります（テープには放射性物質が付着しますから、その辺に放置しないで、容器に入れて、身辺から遠ざけましょう）。野菜は水洗すれば表面に付着した線源のかなりの部分は除去できます。

体内に γ 線源が取り込まれた場合は、体外からでも検出できますので、取り込まれたエネルギー量子線源の強度を測定していただき、（線源の種類によって線量率が変わりますので、ちゃんとした線量率変換を行い）、その結果が天然の放射線レベルである年間 2.4 mSv 程度以下になるようであれば、安心していただいてよいと思われます。不安や心配（ストレス）は健康にはよくありません。体内に取り込まれたエネルギー量子線源からの α 線と β 線は、線源が皮膚近くにない限り、検出はできませんので、排泄物からの検出に頼らざるを得ません。それ故、甲状腺への ^{131}I の沈着が懸念されているのです。

子供への被曝を年間1 mSv以下にするように、基準を 20 mSvから引き下げたのは妥当な判断かと思われます。何度も述べていますが、外部被曝を避けることは難しくありません。線源に近付かない、あるいは線源を近付けなければよいのです。仮に線源が付着しても、水洗等によって除去できます。線源が皮膚から取り込まれる可能性は極めて低いので、あわてる必要はありません。ただし、福島原発の水素爆発によって飛散した微粒子には、かなりレベルの高いものが含まれている可能性があります。これらは1 m くらい離れていても検出できますので、例えば学校の校庭の土壌表面近くを（たとえ削り取った後でも）数十 cm の間隔で網羅的に計測を行えば、それらの粒子の存在は検出できます。新たな飛散はありませんので、測定によりその場所の被曝レベルが分かれば、安心して活動していただけるのではないでしょうか。内部被曝は可能なかぎり避けねばなりません。線源が皮膚から体内に取り込まれる可能性は極めて低いのですが、呼気あるいは食物と一緒に入り込むと体内に取り込まれ、特定の器官（例えばヨウ素だと甲状腺）に取り込まれ蓄積される可能性が高くなります。子供達が泥まみれになって遊んでも、体表についたものは除去できますが、飲み込んでしまったものは、除去が難しくなります。被曝レベルがやや高いと思われるところでは、マスクなどにより経口あるいは呼気による取り込みを避けましょう。

エネルギー量子線は目に見えませんが、計測は容易です。信頼できる計測装置（日本国内で販売されているほとんどの装置は信頼できるものです）で計測を続けることが、安全を確保し、安心につながることになるかと思います。

それにしても、「放射線影響は理論的に解明できていないのですか？」と問われそうです。次節以降、物質へのエネルギー量子線照射の影響を、無機物、有機物、生物に分けて、原子、分子のミクロなレベルでの影響から、それが現実的な物質の性質や人体にどう影響するかを、できるだけ平易に述べたいと思います。

4-2　エネルギー量子線照射の物質への影響

前節に記したように、エネルギー量子線照射の影響というと、生物への影響がすぐ念頭に来ますが、あらゆる物質は、エネルギー量子線照射の影響を受けます。物質にエネルギー量子線が持っていたエネルギーが与えられるのです。しかし、このエネルギーの与え方は、第2章で述べましたように、エネルギー量子線の種類によって異なると同時に、受ける方がどのような物質であるかによって、その受け取ったエネルギー（付与エネルギー）の影響が異なります。

表4-1に示しましたように同じ生物でも、生物が高等であればあるほどその組織は複雑で、エネルギー量子線の影響を受けやすいため、致死線量は低いのです。無機物へのエネルギー量子線の影響はウイルスに比べても、はるかに少なく、特に金属へのエネルギー量子線照射の影響は、他の物質に比べると格段に少なくなっています。人間は、原子炉心で生成された放射性FPの放出するエネルギー量子線のほんのわずかの被曝でも大きな影響を受けるのに対し、主として鉄で作られている原子炉圧力容器はそのエネルギー量子線のかなりの部分を受けても、その健全性を保っています。

もちろんエネルギー量子線照射の影響を受けて徐々に脆くなりますので、圧力容器には安全確保のため、法律的な寿命（使用許可時間）が定められています。原子炉の寿命は、この圧力容器（燃料その他内部の構造物は取り替えられますが、圧力容器は取り換えられませんので）の寿命（30〜60年程度）で決まることになります。このことは本節で詳しく説明します。

このように、エネルギー量子線照射の影響は、それの受け手の物質が何であるか、無機物か、有機物か、あるいは生物かによって大きく異なります。また同じ無機物でも、金属か、共有結合性物質かあるいはイオン結合性物質かによっても異なります。次項以降、無機物と有機物について、エネルギー量子線照射の影響をできるだけわかりやすく説明し、最後に生物への影響を説明することにします。

4-2-1　無機物へのエネルギー量子線照射の影響

物質に高エネルギー量子が入射すると、2 つの現象により量子の持つエネルギーが失われていきます。一方はエネルギー量子が電子やイオンのように電荷を持っている場合で、その電荷と物質を構成する原子に所属する電子との間のクーロン相互作用により、原子から電子をはぎ取っていく電子励起あるいは電離（イオン化）という現象が引き起こされます。これにより入射量子がエネルギーを失うことを電子励起エネルギー損失または付与と呼びます。それ故、エネルギー量子が電荷を持っている場合は、電離放射線と呼びます。もう一方は、入射量子が原子核と衝突し、それによって原子核に十分なエネルギーが与えられることで、もともと原子が存在していた位置からはずれてしまう原子変位という現象が引き起こされます（原子変位または欠陥生成と呼んでいます）。これにより量子が失う（または欠陥生成に使われる）エネルギーを原子衝突エネルギー損失または付与と呼んでいます。

入射エネルギー量子の持つエネルギーが低い電磁波や、電荷を持たない中性子などでは、最初は電荷と相互作用がありませんので、非電離放射線と呼ばれることがありますが、電磁波もエネルギーが少し高くなると光子として電子と衝突し（コンプトン散乱といいます）原子から電子を電離させますし、高エネルギーの中性子が原子と衝突し原子をはじき出しますと、原子はイオン化されますので、電離放射線、非電離放射線の区別はあまり重要ではありません。非常に低エネルギーの中性子に限れば、非電離放射線と言えます。

電子励起エネルギー損失（付与）、原子衝突エネルギー損失（付与）のどちらが大きいかは、入射量子のエネルギーの大きさによって異なります。図 4-2 に高エネルギーイオン（荷電粒子）が物質に入射したときのエネルギー付与が進入距離によってどのように変わるかを示します。エネルギーが大きいときは、ほとんど電子励起によりエネルギーを失うだけでなく、進行距離によるエネルギー損失率（dE/dx：阻止能ともいいます）はほぼ一定なので、このエネルギーの失い方は線エネルギー付与（LET：Linear Energy Transfer）と呼ばれています。エネルギーが小さくなってくると、原子衝突によるエネルギー損失が増します。1 回の原子衝突によるエネルギー付与は電子励起より大きいので、入射量子は原子衝突を繰り返して一気にエネルギーを失い、止まってしまいます。入射量子

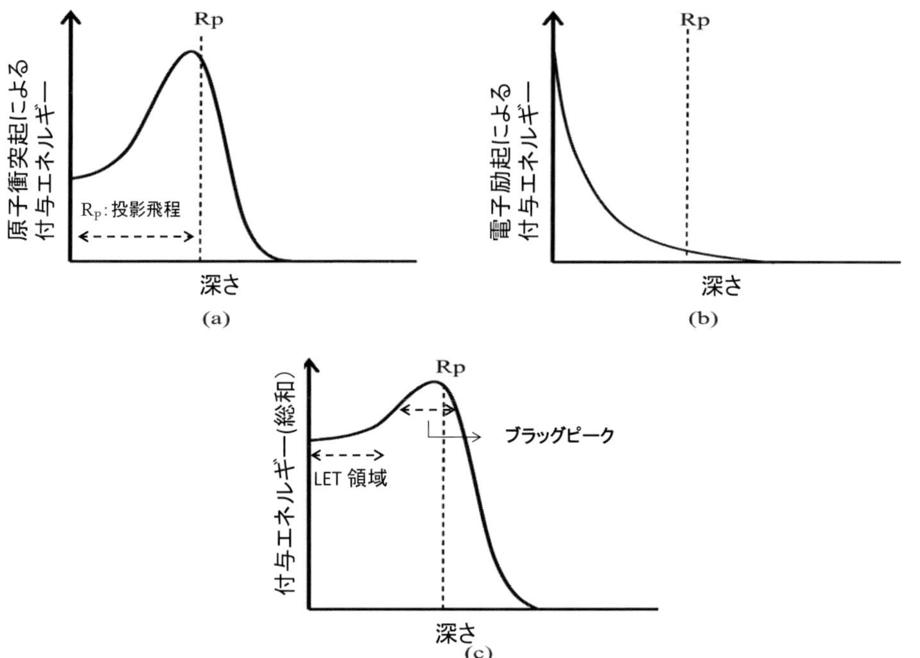

図 4-2　高エネルギーイオンが物質に入射したときの進入距離とエネルギー付与（衝突断面積）との関係

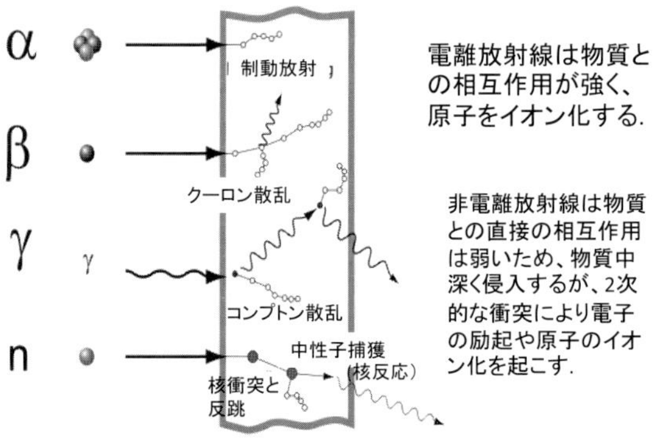

図 4-3　エネルギー量子線が物質に入射した際に、物質中の電子にエネルギーを与えた結果起こる現象

イオン化 / 電子励起、制動放射（Bremsstrahlung）、コンプトン散乱（電子と光の衝突）、クーロン散乱等がある

がエネルギーを失って止まってしまう終端（飛程と呼ばれていいます）付近でエネルギー付与が最大になり、これをブラッグピークと呼んでいます。また入射イオンが表面から入って止まってしまうまでの垂直距離を入射イオンの投影飛程（Rp）と呼んでいます（簡単に飛程と呼んでいます）。実際にはイオンは原子衝突を繰り返しながら進みますので、実際の進行距離はこれよりずっと長くなります。

高エネルギーイオンの種類と最初のエネルギーを決めると、体内での飛程が決まりますので、体

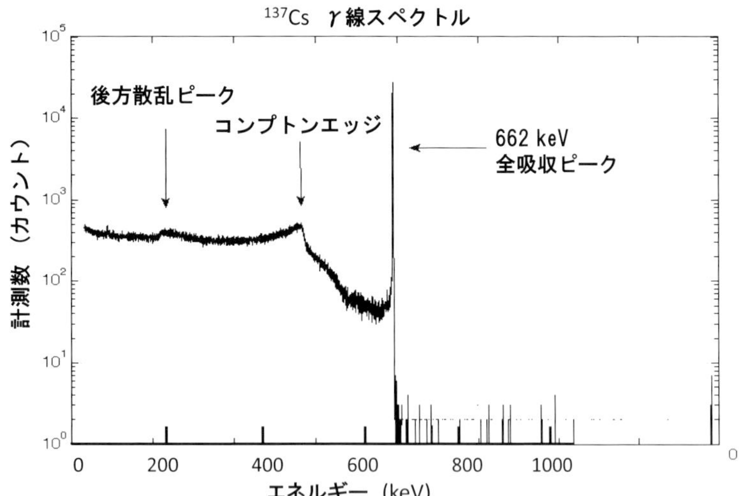

図 4-4　半導体検出器により測定された ^{137}Cs からの放出 γ 線のエネルギースペクトル

内にできたがん巣を殺すのに炭素イオンを照射する方法が、がん治療法として確立されています。

入射量子が電子や高エネルギーの γ 線の場合は、ほとんど電子励起エネルギー付与になります。高エネルギーの γ 線でも電子と同じような結果になるのは、γ 線が電子と衝突しそれにエネルギーを与えるからです。

図 4-3には、電離放射線と呼ばれる、α 線、β 線、γ 線が物質に入射したときに引き起こす物質内の電子と相互作用の主なものを示してあります。α 線の場合は主として電子の軌道の変化を通しての制動放射線の発生、β 線の場合は電子とのクーロン相互作用、γ 線の場合は γ 線があたかも粒子のごとく振る舞って電子と直接衝突（コンプトン散乱）することにより、エネルギーを失っていきます。これらのエネルギー損失過程は、図 4-2(b)に相当しています。一方中性子では、物質中の原子核との直接衝突により、核反応を引き起こしたり、原子を本来の位置からはじき出すことになります。はじき出された原子は、イオンとなりますので、その後のエネルギー損失過程は、α 線のようなイオンを入射したときと同じようになります。その観点からは、非電離放射線として区別することにあまり意味はありません。

γ 線がコンプトン散乱によってエネルギーを失っていることは、図 4-4 に示した、^{137}Cs からの γ 線測定結果に反映されています。第 3 章図 3-4に示されているように、^{137}Cs は核崩壊により 662 keV の γ 線を放出します。図 4-4 では、それが直接計測されたピークに加えて、それよりも低いエネルギー側に662 keV の γ 線がコンプトン散乱によってエネルギーを失って計測器に入射した γ 線が検出されています。662 keV の電子が、Cs 原子の内殻の電子をはじき出すためには、その電子に束縛エネルギー以上のエネルギーを与えねばなりません。662 keV から束縛エネルギーを差し引いたエネルギーの位置に、コンプトンエッジと書かれていますが、1 回のコンプトン散乱によってエネルギーを失った γ 線が検出されたものです。コンプトン散乱は次々と繰り返され、様々なエネルギーを持って γ 線が検出器に入射し、図 4-4 のようなスペクトルとなるのです。

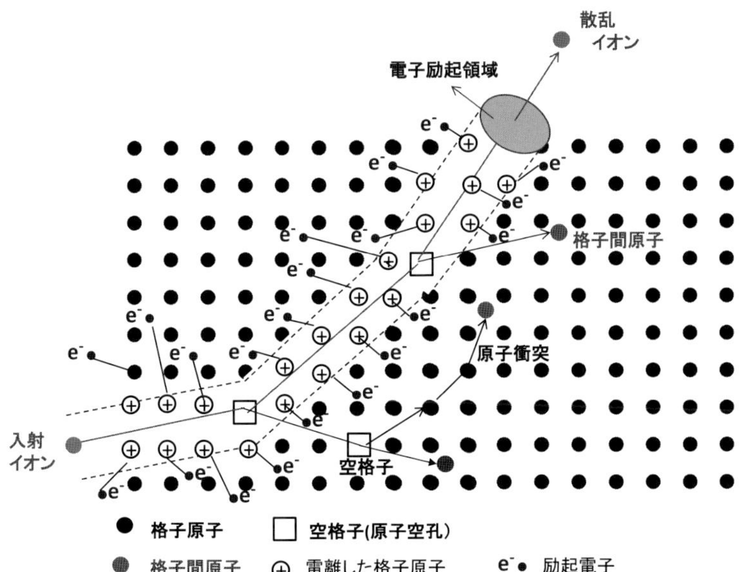

図 4-5　エネルギー量子（高速イオン）が金属に入射したときに引き起こされる現象
電子励起と原子はじき出しの模式図

以下に照射の影響を、金属、共有結合性物質、イオン結合性物質、有機物、生物に分けて、説明いたします。

4-2-1-1　金属の照射損傷

金属では図 4-5 のように、原子が規則正しく格子状に配列された状態になっています。これにエネルギー量子が入射したときは、まさに図 4-2 の通りで、原子衝突（Atomic Collision）または電子励起（Electric excitation）によりエネルギーを失っていき、投影飛程付近で止まってしまいます。

4-2-1-1-1　原子衝突によるまたは原子はじき出しによる金属材料の損傷

原子衝突では、入射してきた粒子と金属を構成する原子とが直接衝突して、原子が本来存在しているべき位置（格子位置といいます）からはじき出されてしまい、空孔（Vacancy）を残す一方で、本来存在するべきでない位置（Interstitial atom、格子間原子）に移されます。この現象をはじき出し損傷（空孔と格子間原子をフレンケル対（Frenkel pair）の生成）と言います。言い換えると、エネルギー量子線が持ち込んだエネルギーは原子の位置を動かすことに使われるのです。この際、1 個の原子のはじき出しに、おおよそ 50 eV 程度のエネルギーが必要とされます。しかし、空孔や格子間原子が金属格子内に存在することはあまり好ましくはないので、形成されたフレンケル対の多くは再結合してもとに戻ってしまいます（回復）。エネルギー量子線の入射が続き、フレンケル対が継続して生成され続けると、空孔や格子間原子はそれぞれが多数集まってきて空孔クラスター（Vacancy cluster）や空孔ループ（Vacancy loop）、あるいは格子間原子ループ（Interstitial loop）が形成され、金属の特徴である延性や展性が失われ、金属が硬くかつ脆くなり、甚だしい場合は、ガラスのように少しの衝撃で割れるようになります。これを金属の照射脆化といい、金属のエネルギー量子線照射による影響の最も重要な点です。鉄を主成分とする原子炉圧力容器の寿命は中性子照射により引き起こされる上記の欠陥生成が容器を脆くすることによるものです。このはじき出し損傷は、α線のようにエネルギー量子線の質量が重いと、その効果が強く、1粒子の入射で沢山のフレンケル対の生成を引き起こし、逆に、そのエネルギーは短い距離を進むうちに失われます。これが図1-8で紹介した、エネルギー量子線は物質が重いほど透過しにくい理由です。中性子は軽いですが電荷を持ちませんので、原子を構成する核に近づきやすく、衝突によるはじき出しのみならず、第2章で述べたように、核に入り込んでエネルギーの高い励起核を作って、核反応を引き起こすなどにより、欠陥生成を加速させます。

原子炉圧力容器の脆化は、原子炉圧力容器内にそれと同じ材質の試料を多数用意しておき、一定の期間ごとにそれらを取り出し、その機械的性質を測定することで、どの程度の脆化が起きているかで調べられております。この経年脆化があらかじめ予測された範囲内であれば、次の測定までどれだけ変化するかが予測されますので、圧力容器を少なくとも次の測定までは安全に使用できることになります。

4-2-1-1-2　電子励起による損傷

電子励起は、エネルギー量子が金属中の電子にエネルギーを与えて、電子を励起状態にするあるいは原子をイオン化することです。図4-5にはイオンによる原子のはじき出しと同時に、電子にエネルギーを与える電子励起過程が示してあります。1個の電子をその場から動かすには、数eVあれば十分で、先ほど述べた原子をはじき出すのに必要なエネルギーに比べるとはるかに小さいのです。このため高いエネルギーを持った重い原子が固体内を動くと、その軌跡にそって沢山の電子を励起していきます。金属中には自由に動いている電子（自由電子といいます）が無数に存在しており、動かされた電子は自由電子と直ちに衝突して、そのエネルギーを分配してしまい、もとの状態に戻ってしまうので、これにより金属の性質に与える影響は非常に小さいものです。ところが、次項で述べる共有結合性物質やイオン結合性物質では、この電子励起が大きな役割をします。有機物ではもっと重要になり、生物になりますとこの電子励起による影響が、放射線影響そのものと言って過言ではありません。原子に比べると電子は軽いですから、電子を動かす方がエネルギーは小さくてすむので、それによる影響が出やすい有機物や生物では、金属に比べてはるかに低い線量で被曝の影響が顕著に現れるのです。

4-2-1-2　共有結合性物質、イオン結合性物質の照射損傷

共有結合化合物は金属とは異なり、結合に関与する電子が隣り合う原子と原子との間に局在しており、この電子がエネルギー量子線の照射を受けて数eV（結合の強さに応じて変わる）のエネルギーを付与されると（励起またはイオン化と呼ばれます）、結合が切れて化合物の分解に至ります。これを共有結合化合物の放射線分解と言います。金属の場合と同様に、ほとんどの場合は、再び電子を捕獲して元の状態に戻りますが、切れたままになる場合もあります。

水のエネルギー量子線照射による分解（放射線分解）はよく調べられております。図4-6は水の

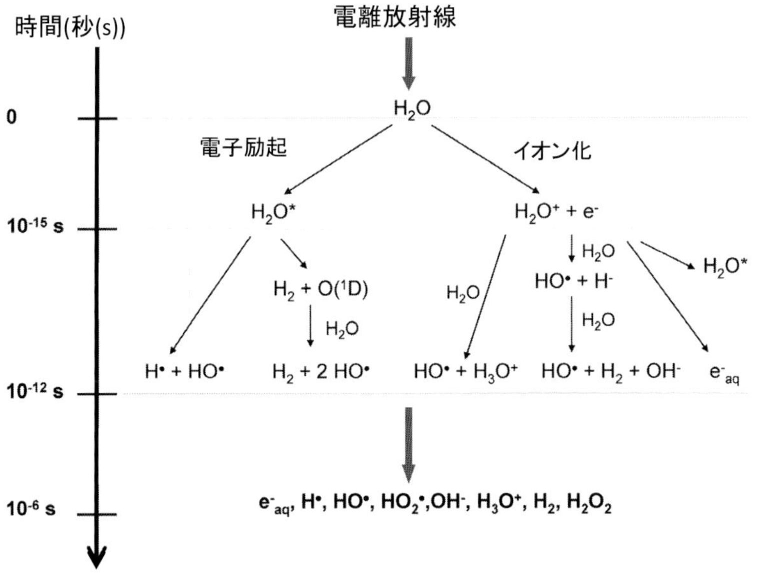

図 4-6　水の放射線分解による生成物とその時間推移

［出典］Sophie Le Caër, Water Radiolysis: Influence of Oxide Surfaces on H_2 Production under Ionizing Radiation, Water 2011, 3 (1), pp. 235-253; doi:10.3390/w3010235

エネルギー量子線による分解を模式的に示したものです。最初に水分子中の電子にエネルギーが与えられ、電子の励起（excitation）またはイオン化（ionization）が起こります。それらが他の水分子と衝突することにより、いろんな過程を経て、10^{-6}秒以上の寿命を持つ OH*、OH^-、H*、H^+、O*、O^-、O_2^-、H_2、O_2、H_2O_2、H^+、e^-などが生成されます（* はラジカルあるいは励起状態を示しています）。通常結合に関わる電子はペアであることが多いので、H_2O 分子は高等学校の教科書等では H:O:H と書かれています。水素に電子が 1 個しかありませんので、H の電子はすべて結合に寄与しています。一方、O には 8 個の電子がありますが、結合に寄与しているのは 2 個です。H* や OH* は、H_2O が分解する際に、結合に関与している電子を 1 個ずつに分配して H* と OH* とに分解したことを示します。これらはラジカル（活性原子、または活性分子）と呼ばれており、そのままでは不安定なので、水に戻りますが、一部は H_2、O_2 そして H_2O_2 等になります。また水以外のものと反応して、別の化合物になる場合もあります。

エネルギー量子線の照射によって水 1 g に 100 eV のエネルギーが与えられたときに、水分子が何個分解したかを表す値をエネルギー量子線の G 値といいますが、水のみにエネルギー量子線を照射する場合は、7 とされています。水の分解には 5.1 eV のエネルギーが必要ですので、100 eV のうち $5.1 \times 7 = 36$ eV（約 1/3）が水の分解に使われているに過ぎないことを意味しています。また、一旦は多数の水分子が分解されたとしても、大半はもとに戻ってしまいます（回復します）。

水の周りに異分子が存在するときは、分解中あるいは分解直後に異分子と直接反応したり、分解によって発生するやや寿命の長いラジカルが異分子と反応することになります。生体で、特に重要なのは、細胞内の水です。生体の大半は水ですから、エネルギー量子線からエネルギーを得た水分子、それによって生成したラジカルが、細胞内の遺伝子あるいはそれを形成する DNA や RNA との

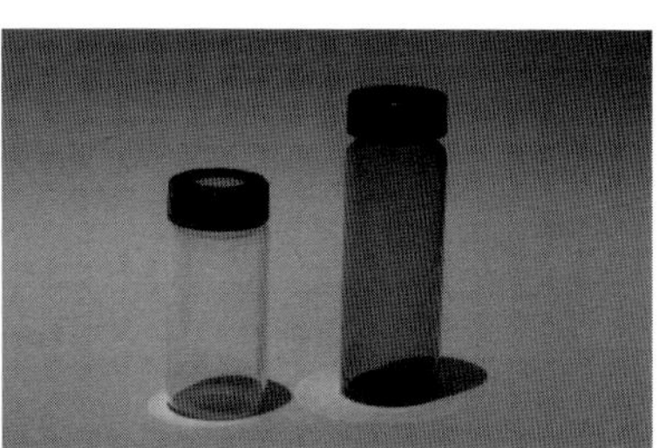

図 4-7　γ 線照射により着色されたガラス瓶（口絵 2 参照）

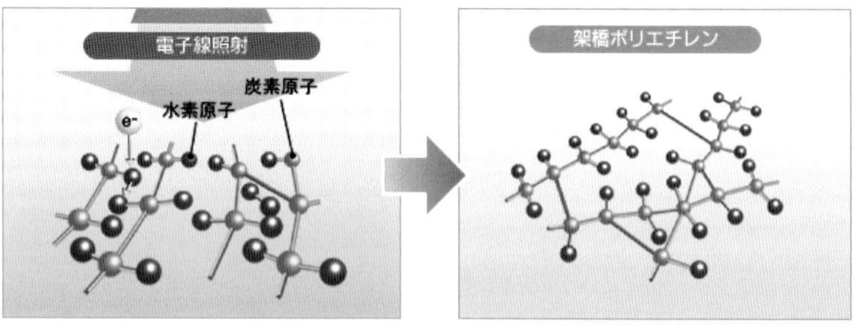

図 4-8　放射線照射による高分子鎖の架橋

［出典］http://www.kbeam.co.jp/service/kaisitu.html［許可を得て転載、他への転載を禁ずる］

反応の結果として生物影響が現れることになるのです。これについては、次項で詳述します。

共有結合性化合物の結晶あるいはガラスでは、水とは違って元素の位置が固定されています。このため、水に比べて、電子が元の位置に戻りやすくなります。また水とは違って、金属の場合と同様に構成原子のはじき出しが起こります。この場合、例えば水晶またはシリカガラス（SiO_2）ですと、酸素の方が軽いので、酸素が格子位置よりはじき出されます。SiO_2中では Si はやや正の、O はやや負の電荷を持っていますので、酸素がはじき出された位置に O^- イオンの代わりに電子が入り込みますと、それまでにはなかった光の吸収、放出が起こります。この原理を使ってガラスバッチあるいはガラス線量計といわれる放射線の検出器が作られています。またはじき出された Si が集まりますと、微少な Si のクラスターが形成され、やはり光が吸収されるようになります。その結果、ガラスの色が変わります。図 4-7 には、ガラス瓶が γ 線照射によって茶色に着色した例を示します。

4-2-2　有機物へのエネルギー量子線照射の影響

有機物のエネルギー量子線照射による影響は基本的には水への影響と同じで、結合を形成している電子の励起による、有機物中の C:H、O:H、C:C 等の共有結合や水素結合の切断です。水への影響のところで述べたように切断された結合の周りに他の分子が存在すると、それと反応して別の化合物を作ることがあります。これを利用して高分子の架橋が行われています。図 4-8 は水素のついた炭素鎖に電子線を照射すると C:H 結合の切断が引き起こされ、その結果発生した 2 個の H* が結合して水素分子が生成され、残された炭素間でC:C結合が形成されることを示しています。電子線はγ線に比べ制御が容易なため工業的に広く利用されており、耐熱性や強度の向上など有機材料の性能向上が図られています。

基本的には、架橋量は照射線量とともに増加し、硬度や強度が高くなりますが、さらに線量が高くなると、分子鎖の切断が起こり、分子鎖が短くなっていきます。さらに線量が高くなりますと、風化と同じようにボロボロと崩れるようになります。風化は炭素鎖のどこかが酸化され、鎖が短くなっていきますので、エネルギー量子線照射した場合と同じことが起こっているのです。

このように、エネルギー量子線照射の影響は化学反応として現れるのです。さらに、エネルギー量子線照射では通常の化学では不可能な反応でも起こりうるのです。もちろん、特殊な薬品を使えば、通常不可能な反応が可能になることもあります。DNAが損傷を受けるような化学薬品、例えばサリドマイドやダイオキシンの影響は、化学反応が引き起こしているという観点からみれば、エネルギー量子線の影響と同じようなメカニズムで起こっているといえます。

4-2-3　生物へのエネルギー量子線照射の影響
──分子のレベルの影響から、細胞・組織・そして個体への影響──

エネルギー量子線の生物への影響は、細胞内での損傷がスタートです。細胞内でも、当然、上述のように、はじき出し損傷と、電子励起による損傷の2つが起こります。はじき出し損傷とは、細胞のDNAを構成する原子とエネルギー量子とが直衝突してそれをはじき飛ばしてしまい、DNAを切断してしまうことです。また直接ではなくても、DNAの近傍で直衝突によりはじき出された原子（イオン）がDNAを構成する原子に衝突してはじき出してしまうこともあり得ます。しかし細胞内では、電子励起によって発生するイオンやラジカルが引き起こす化学反応によりDNAが損傷されるのがほとんどであり、原子衝突によって損傷を受ける確率は、極めて低いです。

先に述べたように金属や無機物もエネルギー量子線照射による損傷は主としてこのはじき出し効果によるものでしたが、生物では、電子励起（イオン化（電離）を含む）による効果の方が、はじき出しによる直接的な損傷をはるかに上まわります。このためエネルギー量子線の電子励起効果のみに着目して、4-2-1項で述べましたように、そのエネルギーの失い方からLET損傷と呼ばれることが多いのです。

図4-9にはエネルギー量子入射による電子励起によりDNAが損傷される様子が、また図4-10には実際にどのような化学反応が起こっているかが示されています。電子励起では、DNAを構成元素に付随する電子、またはその周りの物質（主に水です）がイオン化されて発生した電子やイオン、ラジカルがDNAの結合を切ってしまう直接的なDNAの切断と、前述のように、DNAを取り囲む水中に形成された様々なラジカルがDNAを攻撃してDNAのある部分が切断または化学的に異なった形態にさせられてしまうようなDNAの損傷等があります。また、エネルギー量子線はそれが進んでいく軌跡の周りの電子を次々に励起していきますが、そのエネルギーの大きさによって励起する電子の数あるいは、励起され得る体積（エネルギー量子線が進む軌跡周りの半期数nm（1 nm（ナ

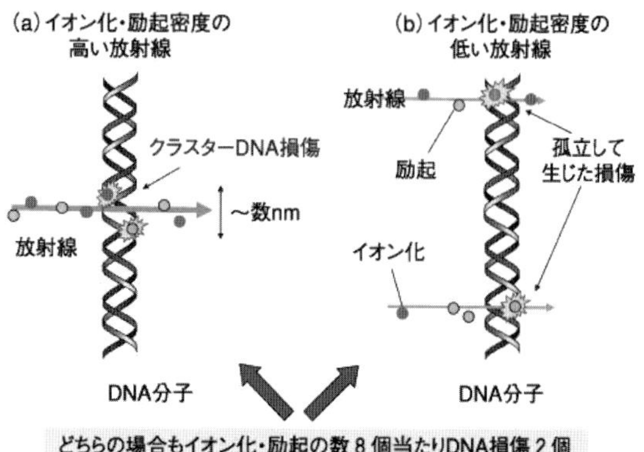

図 4-9　エネルギー量子線の入射による DNA の損傷

［出典］http://www.themgcarshop.com/Bioterrorism/module4/Radiation.htm［許可を得て転載］

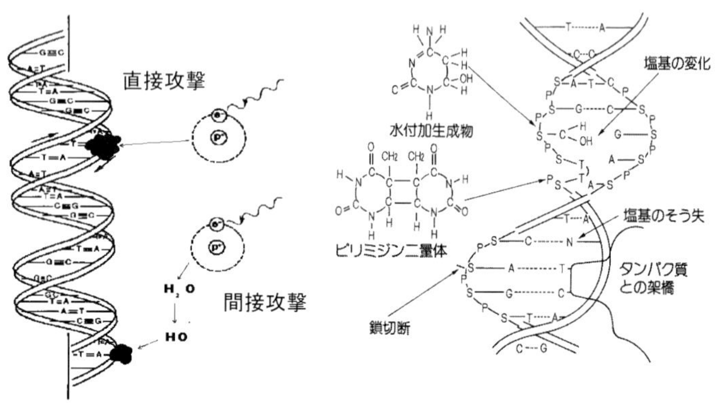

図 4-10　(a) DNA への H+ あるいは OH とラジカルによる攻撃
(b) 放射線照射を受けた細胞から抽出された DNA に見られる種々の損傷

［出典］江上信雄『UP バイオロジー　生き物と放射線』東京大学出版会、1975 年［許可を得て転載］

ノメーター）＝ 10^{-9}m または 0.1 オングストローム））が異なります。図 4-9 では励起する電子が多い場合（(a) High LET radiation）と、少ない場合（(b) Low LET radiation）とが分けて書いてあります。

この軌跡周りの半径は非常に小さいので、はじき出し損傷と同様に、DNA が直接切断または損傷される確率は、DNA を取り囲む水へのエネルギー量子線照射によって生じる様々なラジカルが DNA に作用して損傷を与える確率より少ないと思われます。

先に述べましたように、水の放射線分解によって OH ラジカルが生成します。OH ラジカルは非常に酸化力が強く、これと生体物質との反応が起こると、生体に大きなダメージを与えると考えられています。また、細胞内にはある程度（正常繊維芽細胞で 2〜3 %）の酸素が含まれていますので、これにエネルギー量子線照射によって発生した電子が付加されますと O_2^- イオンが生成されます。これは、健康に良くない物質としてよく話題になっている活性酸素種の一つです。先に記述し

た H_2O_2 も同様です。エネルギー量子線照射によって細胞内に活性酸素種が形成されるのです。活性酸素の形成要因がエネルギー量子線の照射であろうと、化学薬品であろうと、ストレスであろうと、その役割は同じです。

一方、細胞内には活性酸素種の働きを防ぐ抗酸化物質といわれるものが存在しています。例として、O_2^-イオンはSuper Oxide Dismutase（SOD）と呼ばれる物質で、また H_2O_2 はカタラーゼといわれる酵素で活性をなくすようにしています。グルタチオンといわれる物質も抗酸化物質としてこれらの働きを助けます。細胞は、酸素呼吸によっても活性酸素種に曝されることになりますが、エネルギー量子線に曝されても同じことが起こりますので、長い歴史の中でこれらに対応するシステムができあがってきたのだと思われます。

低い線量のエネルギー量子線照射による人体への影響が不明である主因の一つが、この快復力を定量的に評価できないことです。よく知られているように、快復力は個々人によって、また個々人の環境、精神状態によっても大きく変化します。心身共に健康に過ごせるような環境に身体を置くことができれば、エネルギー量子（放射）線の影響を低減できる可能性が高いのです。

また、DNAの損傷への快復力あるいは照射耐性だけでなく、細胞が集まった組織としての快復力あるいは照射耐性も念頭におく必要があります。通常DNAが切断されれば、細胞の再生機能が失われ、細胞の死に至ります。しかし組織には死んだ細胞を排除する機能が備えられているため、一つひとつの細胞死が、組織の死やがん細胞化に至らしめるわけではありません。

もし万が一にもエネルギー量子線に被曝した場合、被曝してしまった線量を減じることはできませんが、快復力を信じれば、被曝による症状の低減化が図れるかもしれません。被曝を悲観しないで、快復力を信じて生きることが、現実に被曝の影響を低減することになるでしょう。

4-3　放射線耐性あるいは損傷の回復

これまでは、主としてエネルギー量子線照射により損傷がどのようにして引き起こされるかを記述してきましたが、実際には、損傷の生成とほぼ同時に回復が起こっており、照射後に残る損傷は生成されたもののうちのほんの一部です。また照射後残された損傷も、時間が経過すると回復することがあります。また逆にひどくなることもあり得ます。

前節では、金属、共有結合性物質、イオン結合性物質、有機物、生物とに分けて照射の結果を議論してきました。そして上述したように、無機物（金属、共有結合性物質、イオン結合性物質を総称して無機物と呼びます）では、損傷の生成過程は理論的にかなり解明されており、発生する損傷量はほぼ定量的に予測できるようになってきました。しかし、同時に起こる回復過程の方は定量的に予測することは難しく、結果としてどれだけの損傷が残ったかを後から観測して、どの程度の回復があったかが見積もられます。最初に発生する損傷は物質の温度にはあまり依存しませんが、回復は物質の温度によっても大きく異なります。実際のところ、最初に生成する欠陥のほとんどはすぐに回復し、残される損傷はわずかです。

それゆえ、照射の影響は、むしろ回復のしやすさによって決まると言っても過言ではありません。実は液体金属では照射の影響はほとんど見られません。液体内では、その構成原子は常に動いていますので、エネルギー量子の照射によりはじき出されても、その場所はすぐ他の原子が穴埋めをしますし、はじき出されて行き着いた先では、他の原子を押し出してしまいます。表面付近でこれが起こりますと、原子は逃げ出してしまうので照射による蒸発促進が起こりますが、よほど線量率を高くしないと顕著にはなりません。

共有結合性あるいはイオン結合性の物質では、一般に、それを構成する原子同士の結合エネルギーは、金属中の金属同士の結合エネルギーより大きくなっています。それゆえ、エネルギー量子の入射によりはじき出される原子数は、金属の場合より少なくなります。とはいえ、入射するエネルギー量子のエネルギーが高いので、桁違いに少ないことはありません。一方でこれらの物質は異なった原子種で構成されていますので、例えば酸素イオンと金属イオンで構成されている酸化物では、はじき出された金属イオンが集まってクラスターを構成したり、異なった結合ができたりして、図4-7に示されたように着色、あるいは黒化したりします。

衝突現象では、物質を構成する原子が重いほど、はじき出し数は減りますが、重いほど1回の衝突で受け渡しするエネルギーが大きいので、影響を受ける体積は小さくなる一方で、単位体積当たりの影響（付与エネルギー）は増えることになります。

一方有機物、特に生物では、様々な原子で構成されているだけでなく、それを構成する分子の構造が幾何学的にも複雑になっています。さらにDNAを考えますと明らかですが、その周りは、水分子その他、DNAとは全く異なった分子で構成されています。このため図4-10に示されているようにDNAの切断は単純な切断ではなく、切断された所に異なった分子や原子が入り込むことによっても起こり、切断前とは全く異なったものになり得るのです。このため、回復は無機物に比べるとはるかに難しくなります。しかも有機物中の原子の結合エネルギーは、一般に、無機物中のそれよりも小さいので、結合の切断はより容易になります。そして、生物では、DNAやRNAに引き起こされた損傷が回復しないと、エネルギー量子線照射の影響が現れ、例えば細胞ががん化するようなことになります。当然、損傷を受けた部位によって影響の発現の仕方は異なります。

これらをまとめると、高等生物になればなるほどそれを構成する分子の種類は多くなりますし、分子の構造も複雑になりますので、回復は難しい、すなわち放射線感受性が高くなります。言い換えますと、表4-1のように高等生物になればなるほど、致死線量が減少するのです。またその影響の発現の仕方も、高等生物になればなるほど複雑になるため予測が難しくなります。ですから、人間は他の生物に比べてエネルギー量子線影響を最も受けやすい上、その影響の発現の仕方が最も複雑になりますし、同時に個々人による快復力の差も大きいのです。

このように、人間の場合、低線量エネルギー量子線被曝の影響は極めて多様で、その影響を定量的に評価するには、膨大なデータが必要になります。低被曝線量になればなるほど、出現する影響は少なくなりますから、より多くのデータが必要になりますし、その影響評価の精度を確保するのが難しくなります。人体では実験できませんから、エネルギー量子線被曝の影響評価は、微生物から、大きいものではマウスやラットへの照射によりかなり詳細に調べられています。しかしそのような生物では、表4-1からわかりますように、人体に影響が出るよりはるかに高い線量（ウイルスでは10^5 Gyもの線量を照射させたデータがあります）を被曝させ、その結果から、人間ではどうなるか、低い線量の方へ外挿予測をしますので、図4-1に示しましたように、その外挿予測の精度が落ちてしまうのです。

4-4　入射線量と影響を受ける体積

以上の議論は、入射エネルギー量子がどのようにエネルギーを与えていくかの視点に立っています。実際にエネルギー量子線被曝の影響が出現するのは、すでに第1章で簡単に述べておりますが、エネルギー量子が進入してきた部位・部分に限られます。これが放射線が「恐い」と「怖い」の分かれ目になっているかも知れません。

エネルギー量子線被曝というと、体の表面あるいは内部に目に見えない「怖い」ものが均一に当たることだと誤解されている方が少なくありません。これは全くの誤解です。自然放射線では、空間及び地表にほぼ均一に分布している線源からの被曝になりますので、ほぼ均一に被曝すると考えて差し支えありませんが、被曝が増加するのは、自然放射線とは別に、何らかの線源に曝されることです。このような場合、線源は必ずしも空間に均一に分布しているわけではありませんから、第2章で述べましたように、線源がどこにあったか、あるいはエネルギー量子がどこから来てどこに当たったか（曝されたか）によって被曝の効果は異なります。さらに、重要なことは、エネルギー量子線は流体ではありませんので、物体は、エネルギー量子に均一に曝されるわけではありません。人体が被曝する（エネルギー量子に曝される）と言いますが、実際に曝される面積は、極小です。

ここでもう一度、エネルギー量子線に曝されることにより、人体にどのようにエネルギーが付与されるかに立ち返ってみます。エネルギー量子線（放射線）計測で測定される計数値はエネルギー量子の数に相当します。仮に体重60 kgの人が10 MeVのエネルギーを持ったエネルギー量子1万個に1秒間曝されたとします（10^4 cpsで、これは自然放射能の1,000倍程度になります）。もしエネルギー量子のエネルギーが人体に均等に吸収されたとしますと、1 eVは1.6×10^{-19} Jに相当しますから、10 MeVのエネルギー量子が10^4個だと

$$1.6 \times 10^{-19}\ (\mathrm{J}) \times 10^6 \times 10^4 = 1.6 \times 10^{-9}\ \mathrm{J}$$

が60 kgに分配されますので、

$$1.6 \times 10^{-9}\ (\mathrm{J}) \div 60\ \mathrm{kg} = 2.6 \times 10^{-7}\ \mathrm{J/kg}$$

となり被曝線量は1秒間で0.26 μGy（1 Gyは1 J/kg）となります。1時間だと936 μGyです。受けたエネルギーの総量に戻しますと、1秒間で0.26 μJ/kg × 60 kg = 60 mJです。パワーにしますと、60 mWです。電気ストーブの数百ワットと比べてみてください。エネルギーの総量は微々たるものです。このようにエネルギー量子線の被曝では、与えられるエネルギー総量は非常に少なくても、人体影響が現れます。ここに放射線が「恐い」理由があるのです。

エネルギー量子の大きさはナノメーター（nm）以下です。仮に10^{-14} Jのエネルギーを持つ量子

が 1 秒間に 1 個、半径 1 nm の円に入射しそのエネルギーを付与したとしますと単位面積当たりのパワーは、10^{-14} W を円の面積（3×10^{-18} m^2）で割りますので、3×10^4 W/m^2 になります。赤外線ヒーターの数 10^2 W/m^2 と比べると、実に 100 倍ものパワーが、3×10^{-18} m^2 という超微小領域に与えられることになります。量子線に被曝しても、もしエネルギーが広く分散して与えられるのであれば何事も起こらないようなパワーにしかなりません。ところが、実際には非常に極微小領域に大きなパワーが与えられるため、照射された部分では容易に細胞の破壊に至るのです。

とはいえ、実際問題として、入射する量子の計数値が 1 m^2 当たり 10^4 cps あったとしても（これは空間線量率でおおよそ10 μSv/s 程度になります）、その影響は、$10^4 \times 3 \times 10^{-18} = 3 \times 10^{-14}$ m^2 すなわち 0.17 μm 角の極小面積に留まることになります。ですからその 10^5 倍、すなわち 1 Sv 程度の線量を被曝しない限り、明確な影響が出ないことが分かっていただけるかと思います。

実際の人体には、DNA や RNA のように放射線感受性の高い部分と、感受性が低い生理水類似の部分等とで極めて大きな差がありますので、どちらがエネルギー量子に曝されるかによって、影響の現れ方に大きな差が出ます。極端な言い方ですが、エネルギー量子のほとんどは、細胞内のあまり重要でない部分に入射していますが、たまたま DNA のような基幹部分に入射するとその影響が一気に顕在化することになります。このように低線量の被曝では、同じ線量であっても、細胞内のどこにエネルギー量子が入ってくるのかによって影響が非常に違うこと、言い換えると低線量被曝の影響は本質的に確率で表すしか方法がないのです。

上記の計算は、あくまでも理解をしやすくするために概算値を使っています。量子の種類、エネルギー、被曝する物体によって、被曝線量（率）は変わりますので、概算値に 1 桁程度の不正確さがあることはどうかご容赦ください。とはいえ、低線量被曝での影響の出方は、実際問題として、上記の議論で分かっていただけると思いますが、1桁ではとどまらず、2桁も3桁も差が出ることは避けられません。

第５章
被曝低減または汚染と除染

「被曝低減」これは誰もが願うことです。しかし実際にそれをどう行うかを決めるには、エネルギー量子線（本書では第１章で放射線のことをエネルギー量子線と呼んで、その理由も示してあります）による被曝とは何かを理解しておく必要があります。本章では、被曝低減あるいは汚染の防御、そして除染について述べますが、この際理解していただきたいのは、すでに被曝してしまった線量（エネルギー、Gy）また線量当量（Sv）は減らせないことです。被曝したことにより、なんらかの健康被害が発生した場合は、医療による治療、または発生が予想される場合には医学的な予防処置を講じていただく他はありません。年間の積算被曝線量当量が100 msV程度以下ですと、ほとんどの人には、直ちに健康被害が発症することはないとされていますので、治療ではなく予防措置を取ることになります。

ここで議論する「被曝低減」とは、すでに被曝してしまった線量当量の低減ではなく、将来受けるかも知れない被曝を避ける、また、不幸にして線源が体に取り込まれた場合には、体内被曝を低減するという意味です。このためには、「線源に近付かない、または線源を近付けない」ことが必要です。

そこで5-1節では、福島原発事故による放射線被曝を念頭に、エネルギー量子線源についてもう一度振り返りつつ、エネルギー量子線源の分布と線源の除去について述べます。これにより、どのように被曝を避けるかが分かっていただけると思います。5-2節では体外被曝と体内被曝について議論します。線源が体外にある体外被曝については、線源に近づかないまたは線源を近付けないことが対策になります。また線源を体内に取り込まないためにも、線源を近付けない、近付かないことがベストです。もし、食物や、空中の飛散物質として体内に入ってしまった場合は、できるだけ早く排出されるような処置をしなければなりません。また、線源である放射性同位元素の種類によっては、その化学的特性から、特定の器官／臓器に集められて蓄積残留する可能性がありますので、蓄積残留したものを取り除けば被曝低減となります。5-3節ではこの体内被曝の低減について考えます。

5-1　エネルギー量子線源の分布と線源の除去

第１章で述べたように、エネルギー量子線には必ず発生源（線源）があります。エネルギー量子の主なものは粒子（α線、β線）または電磁波（γ線）です。線源については第3章で示しましたように、様々のものがありますが、6年前の福島の原発事故の場合は、水素爆発と風によって撒き散らされた原子炉内にあった核分裂生成物のうち、放射性をもったもの（放射性同位元素）です。核分裂生成により生成した放射性同位元素には、第 3 章表 3-3 に示しましたように様々のものがありますが、ここで問題になるのは ^{132}Te、^{131}I、^{137}Cs、^{90}Sr 等、原子炉内（核分裂時の）での生成量が多くかつ蒸気圧の高い放射性同位元素です。核分裂生成物の大半はエネルギー量子線を放出しないもの（安定同位元素）です。その中には、化学的に有毒である Cd（カドミウム）や Te（テルル）といった元素もありますが、それらの量はわずかなので、問題とはされていません。

さて、福島原発事故により撒き散らされた放射性同位元素は、物理的・化学的に様々な形態をとっています。ただしその化学形については、まだあまり調べられておりません。その存在は、放射能計測により簡単に検出はできますが、化学分析を行って、どのような元素とくっついているかを調べるにはあまりに量が少ないのです。Cs はアルカリ金属ですから、ハロゲンである塩素（Cl）と化合して塩（例えば CsCl）になるか、Cs^{+}として水に溶けた後、何らかの化合物を形成しているものと思われます。最近福島原発の事故に影響を受けた地域で、^{137}Cs を含んだ水に溶けない微粒子が飛散していることが明らかになっています。これは、原子炉内に設置されていた断熱材が飛散し、ガラス状となって沈着した微粒子の中に ^{137}Cs が取り込まれているものであることが判明しました。

いずれにしろエネルギー量子線源として検出されるのは、何らかの化学形をとった分子または超微少粒子となったもので、1 nm 以下の大きさから、それらが空気中の浮遊物に付着して μm サイズの大きさになったもの、水素爆発によって生成されたコンクリート塊に付着したもの（cm サイズ、場合によって m サイズ）等様々です。福島原発で水素爆発が起こったときには、爆発の勢いで吹き飛ばされたもの、その後風に運ばれたもの等があり、さらに地表に落ちてから雨水等で運ばれて凝集したもの等様々です。屋根に取り付けられた雨樋でしばしば高い線量が報告されていますが、これは屋根に降り注いだものが雨水で流され、雨樋のくぼみで水が蒸発して、凝集した（濃縮された）ものです。

図 5-1 は、事故時に栽培されていた小松菜の葉上に、どのように放射性物質が降り注いだのかを測定したものです。図の黒い点は線量が強いことを表しています。葉の裏側で測定された強度は、左右反転させて同じ方向から見たようにしてあります。これと比較して見ていただきたいのは、第 1 章図 1-7 です。図 1-7 では、天然に存在する ^{40}K は、根茎中の組織に取り込まれているため、組織によってその濃度が異なることが示されていますが、図 5-1 はこれとは大きく異なっており、葉の表面に付着したものであることが、次のことからわかります。まず葉の組織と、放射線の強度はあまり関係がありません。ただし葉の平坦な部分での付着は多いですが、葉脈のような凸分で強度が弱くなっています。葉の表と裏では、同じところで強度が強くなっていますが、裏側の方が強度はやや弱くなっています。また図 5-1 から、以下のようにエネルギー量子線源として γ 線と β 線とを放出する元素が含まれていることがわかります。γ 線は第 1 章で示しましたように、小松菜の葉くらいの厚さですと裏側までエネルギーをあまり失わずに透過します。一方、β 線は葉が少し厚くなると透過できなくなります。従って葉裏から測定された強度は、葉表のそれより低いのです。また葉裏側からの測定の方が、分布が広がっているのは、葉を透過した β 線や γ 線が少し方向を変えたり、異なった方向からの入射も検出するためです。洗浄の効果を見るため、葉を湯通しした後の分

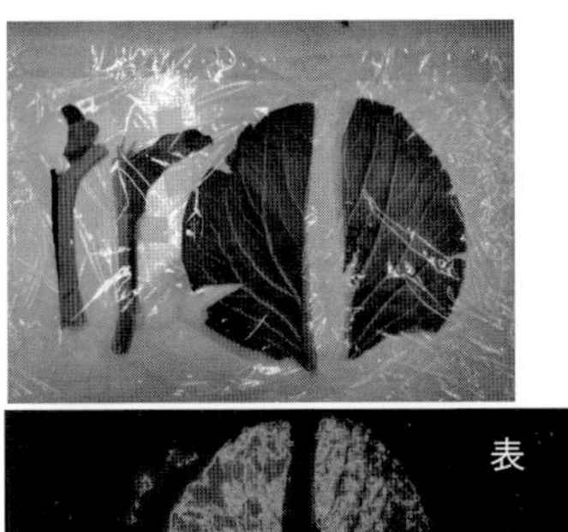

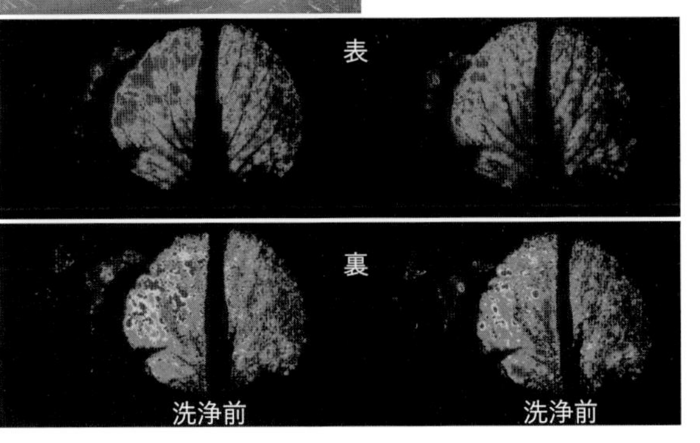

図 5-1　福島市で平成 23 年４月４日に採取された小松菜葉上の放射性物質の分布。
葉の左上部でグレーになっている部分で放射線強度が高い（口絵３参照）

［提供］東北大、吉田浩子博士

布（図右）も調べられています。湯通し後には、強度は 1/3 程度に減少しており、湯通しによる洗浄の効果がはっきりみてとれます。

付着物には、数 mm 程度の大きさのものから、目では判別できない小さなものまで、様々な分布があるようです。この測定方法では 50 μm 以下の小さなものは弁別できません。

空気中に撒き散らされた放射性物質（福島の場合は FP）は、それが取り込まれている物質の大きさにより撒き散らされ方が異なります。非常に小さく空気中に浮遊するもの（μm 程度が目安）、ある程度大きいものでは、爆発時にほぼ直線的に飛ばされて落下したもの、爆発時に風に乗って飛ばされてかなり遠方まで運ばれたものに分けることができます。

非常に小さく、空気中に浮遊できるものが漂っているか、あるいは雨等で地表に落とされたものが線源の場合は、線量強度分布は空間あるいは、地表でほぼ均一に分布しています。しかし、これらが、（雨と一緒に）屋根や野菜の葉上に降り注いだ場合、降り注いだ直後は均一に分布しているかもしれませんが、雨水等で動かされ、雨樋や葉上のくぼみ等に運ばれ、線量の強い塊ができるものと思われます。これに対して、空気中に長期漂っていられないものは、地表に降り注ぎますが、飛ばされたときの条件により、地表への降り注ぎ方に、地域による差が大きく出るのは、報道の通りです。

さらに注意すべきは、ある程度の大きさの線源（塊）があると、局所的に線量が強くなることです。図 5-1 の点状に線量の高いところがこれに当たります。この線量が高くなる局所空間の大きさは線源から cm（β 線）〜 m（γ 線）程度です。もし、その程度の空間で線量が大きく変化するようでしたら、線量の強い落下物あるいは集積物があるはずです。線量計測によりこの局所的に強いものを弁別でき、線源（落下物や凝集物）を探し当てることができますと、これを取り除くことにより周りの線量が下がります。線源を取り除けない場合は、線源と人との間に遮蔽物（これは質量が重ければ重いほど効果的です）を置きます。そのため鉛がよく使われています、またコンクリートブロック（孔があいていないレンガの方が良い）、土嚢等でもかなりの遮蔽効果が期待できますので、線源を見つけたら、深い穴（1 メートル以上、深ければ深い方が望ましい）を掘って埋めるかブロックや土嚢で囲むと良いでしょう。

一方、空間的に均一な線量分布がある場合は、空気中の浮遊物あるいは、遠くにある線源（特にγ線だと、空気中で 100 m 先にでも届きます）からの積み重ねになりますので、そこに近付かないようにするしかありません。雨が降れば、空間の浮遊物は雨と共に落下してきますので、一般には降雨中あるいは降雨後に計測すると、計測値は乾燥時より高くなります（第 2 章図 2-1 を参照して下さい）。いずれにしろ、線量の空間分布は、是非詳しく測定していただき、線源が見つかれば取り除きましょう。付着物ならば、水で洗う前に、粘着性テープ等で取り去ります。もちろん線源が付着した粘着性テープは人が近付かない所に遮蔽物を置いて保管します。

5-2　体内被曝と体外被曝

体内被曝と体外被曝につきましては第 2 章 2-5 節ですでに記述していますが、ここで人体の被曝の観点から、少し詳しく議論します。

「体内被曝と体外被曝は同じか違うか」との議論があります。基本的には被曝した臓器の被曝線量当量（Sv の値）が同じであれば、効果は同じはずですが、実際には、同じ線量当量の被曝でも、エネルギー量子線の種類によっては、臓器に与える効果が異なる場合があり得ます。これを、ヨウ素 131（^{131}I）を例にとって紹介します。第 3 章図 3-4 に示しましたように、^{131}I はβ線（主として 0.637 MeV）とγ線（主として 0.364 MeV）の両方のエネルギー量子線を放出しています。両者を同じ線量当量になるように被曝させることは難しいので、どちらの効果が高いか、あるいは両者の効果がどう違うかを言うのは難しいです。しかし、nm スケールの局所で見ると、β線の場合はγ線に比べてより多くのエネルギーを付与しますので、局所的効果、例えば第 4 章で示した DNA の周りでの損傷は、β線の方が多くなることは想像に難くありません。

現今のポケット線量計は、主としてγ線による照射の場合で、その放射線強度から、臓器の場所や重さは平均的な人体であるとして、線量当量に変換しているものですから、β線の体外被曝に対しては、ほとんど考慮されていません。幸か不幸か、^{131}I と ^{137}Cs は、両者共よく似たエネルギーのβ線とγ線の両方を放出していますので、^{131}I による被曝の効果も ^{137}Cs による被曝の効果も、現在の線量計で評価すれば、大きな違いはありません。同じ線量当量の被曝であれば、線源の違いによる照射効果は少ないはずですが、同じ強さの線源による体外被曝と体内被曝を比べると、臓器内部からの照射になる後者の方が強い影響を与える可能性が高いです。特に、内部被曝では、線源を取り除くのが難しいので、外部被曝と同じ線源に曝された場合には、被曝線量は多くなりがちです。

いずれにしろ、体外被曝を低減するには、「線源に近付かない、線源を近付けない（遮蔽する）」ことです。一方、体内被曝では、すでに線源が体内に入ってしまっていますので、線源をいかに早く体外から排泄するかにかかっています。もちろん体内に入れなければ、体内被曝は起こりませんので、「体内に入れない」のが原則であることは論を待ちません。次節では体内被曝の低減を考えてみます。

5-3　体内被曝の低減

線源が空気中に浮遊した微少粒子である場合や、食物に付着または取り込まれていた場合は、体内に取り込まれてしまいます。これはすべて、口からの取り込みです。皮膚からの取り込みもあり得ますが、例えばトリチウム水と体液の水とのあいだで三重水素（T または ^{3}H）と軽水素（H）とを交換するような場合、経口摂取に比べると、その取り込み量は少ないと考えられます。

経口摂取の場合、肺経由あるいは、消化器系経由いずれの場合でも、体内の他の臓器へ血液あるいは各種体液によって運ばれ、そこで取り込まれて各種臓器に蓄積または濃縮されることになります。体内臓器への取り込まれ方は、経口摂取されたときの化学形（水に溶けたもの、何らかの化合物になったもの等様々考えられます）、体液経由での輸送のされ方、臓器での取り込まれ方、臓器での滞留時間、臓器からの排泄のされ方に大きく依存します。排出のされ方は、様々な核種、特に Cs や I について調べられています。

各過程の取り込み機構はともかく、放射性同位元素が一旦臓器に取り込まれたとしても、その後持続的な取り込みがなく、同じ原子番号で放射性を持たない同位元素の取り込みがあれば、徐々に薄められていきます。また化学的性質の似た安定同位元素と置き換えられ排泄されていきます。一旦体内に取り込まれた放射性同位元素が体内（臓器）から排出されていく速度は、臓器に残っている量に比例する場合が多いのです。この場合、残っている量は、時間に対して指数関数的に減少し、半分に減る時間が一定（生物学的半減期といいます）になります。生物学的半減期は元素によって異なり、残りやすいもの、排出されやすいもの様々です。表 5-1 に物理的半減期と生物学的半減期をまとめました。

チェルノブイリ原発事故の後、その周辺では子供たちを中心に甲状腺がんが増えました。甲状腺は甲状腺ホルモンを作る臓器ですが、そのホルモンを作るためにはヨウ素が必要なのです。ヨウ素は自然界では沢山ある元素ではないので、身体に取り込まれたヨウ素は積極的に甲状腺に捕獲されます。チェルノブイリ事故後、撒き散らされた放射性のヨウ素が、食べ物などから子どもたちの体内に取り込まれ、甲状腺に濃縮された上に長く留まってエネルギー量子線を発し続けて甲状腺組織をがん化させたと考えられているのです。放射性同位元素のヨウ素には表 5-1 に示したとおり 2 種類あります。半減期の短い ^{131}I と極めて半減期の長い ^{129}I です。

先に述べましたように、半減期の短い放射性同位元素は線量率（単位時間当たりのエネルギー量子線の放出率）が高いので非常に危険です。一方半減期の長い放射性同位元素は、長期間にわたっ

表 5-1　放射性同位体の物理的半減期と生物学的半減期

放射性同位元素	物理的半減期	生物学的半減期
^{131}I	8.04 日	甲状腺で約 120 日、その他の臓器で約 12 日
^{129}I	1,570 万年	
^{137}Cs	30.1 年	約 70 日
^{134}Cs	2.06 年	約 100〜200 日
^{90}Sr	28.6 年	約 49.3 年（骨に蓄積）
^{3}H	12.5 年	約 10 日（体液）
^{32}P	14.3 日	

て低レベルでもエネルギーを与え続けます。ヨウ素による放射線障害を低減化するためヨウ素剤が投与されることはよく知られています（原子力災害時における安定ヨウ素剤予防服用の考え方について http://kokai-gen.org/information/6_015-1-1y.html#5）。ヨウ素剤とは、安定同位体のみからなるヨウ素で、あらかじめ多量のヨウ素を臓器、特に甲状腺に取り込ませておき、後から臓器にやってくる放射性のヨウ素の取り込みを防ぐものです。ヨウ素が体内に取り込まれる前に飲用すると効果が高いとされ、放射線事故時に、線源が広がる前に飲用するのです。もちろん取り込み後でも、同位体交換により同じ原子番号同士だと容易に置き換わることができますので、多量のヨウ素を服用し続ければ、生物的半減期より早く体内から排泄させることができます。牛乳の摂取が進められるのは、牛乳にはヨウ素が多く含まれているからです（牛乳が放射性のヨウ素を含んでいないものに限られることは論を待ちません）。ヨウ素剤の副作用は少ないとされていますが、アレルギー反応が出る可能性があり、むやみに飲用することは勧められません。

福島原発事故からすでに 6 年を超す歳月が過ぎており、^{131}I の濃度は約 10 万分の 1 に減衰していますので、今後は Cs の影響の方が大きいと思われますが、ヨウ素を必要とする甲状腺（特に子供）ではヨウ素の選択的な取り込みが続きますので注意が必要です。

原発事故直後はあまり注目されてはいませんでしたが、トリチウム（^{3}H）は、生命体に必須な水として体内に取り込まれやすく、注視が必要です。^{3}H が体内に取り込まれた場合は、水の摂取が勧められます。代謝を促進し、体内から早く排出させるためです。このためにビールの摂取は効果的です。まじめな話です。福島原発事故では、原子炉を冷却するために使われた放射性同位元素を含んだ海水が蓄積され続けています。冷却水中に含まれているほとんどの放射性同位元素は放出しても安全な濃度になるよう除去可能なのですが、トリチウムはその濃度が非常に薄いのと、水中の H との同位体交換が容易なため、除去することは極めて困難です。原理的には除去は可能ですが、そのコストは膨大になります。含まれているトリチウムの量は極微量なので、海水に放出しても、その影響はほとんどないと思われますが、風評被害等の懸念から、放出するかどうかは決められていないのが現状です。放射線が「怖い」ので放出を拒否する人々が多いようです。コストとリスクについては、放射線は「恐い」けれど理解可能であるとの観点から、冷静に判断していただけるようになることを望んでいます。

表 5-1 下方の ^{3}H や ^{32}P は各種体内臓器の造影剤として医療の現場で使われています。臓器内でこ

れらがどのような分布をしているかを調べ、正常な部位と異常部位（例えばがん化した組織）とを区別するのです。^{32}P は物理的半減期が短いため被曝量を減らせる、^{3}H では生物学的半減期が早いので、早く排泄できるというわけです。

このように体内被曝を防ぐには、体内に取り込まれた線源の排出を早めるしか方法はありません。どの放射性同位元素がどこに取り込まれているかを知り、それに応じた対応をとることが勧められます。ここでも計測の重要さが、浮き彫りになります。蓄積場所が特定できれば、体内からの排泄を高める（生物学的半減期を短くする）処置をとります。基本は、同じ元素の安定同位体と交換させることです（ヨウ素剤はその例です）。または同じような化学的性質をもち、人体に無害な元素で置き換える方法もあります。例えばCsはアルカリ金属ですから、同族の元素として、リチウム（Li）、ナトリウム（Na）、カリウム（K）、ルビジウム（Rb）、フランシウム（Fr）があり、これらによりCsを置換することは可能です。また特定の放射性同位元素と結合しやすい化合物（薬品）により化学反応させて取り去る方法等もあります。

福島でも最近検出されている^{90}Srはアルカリ土類金属で、骨の主成分であるCaと同じような振る舞いをするため、骨に蓄積し、骨がんの原因となる可能性が心配されています。この場合はCaの摂取が役に立つはずですが、どのように摂取すれば、どの程度効果的であるかは、まだ研究途上です。

体内に取り込まれた線源（放射能）の除去については、『人体内放射能の除去技術―挙動と除染のメカニズム（KS理工学専門書）』（放射線医学総合研究所（編集）、青木芳朗（編集）、渡利一夫（編集））などの書籍が出版されていますので、詳しくはそちらをごらんください。

5-4　回復能力

5-4-1　被曝により損傷が発生する（影響を受ける）場所とその大きさ（拡がり）

第4章でエネルギー量子線照射による物質の損傷と回復について述べましたが、人間の被曝を考える上での重要な点を以下に繰り返しておきます。体内に入ったエネルギー量子線は、それの持つエネルギーを電子や原子核に運動エネルギーとして付与（衝突）しつつエネルギーを失っていきます。原子衝突の場合は、細胞内のDNAを初めとする各種有機分子内で定められた位置にある原子を、その位置からはじき出し、その結果として分子結合の切断、欠陥生成が引き起こされます。電子励起の場合は分子を形成している価電子を励起または電離（イオン化）し結合の切断をもたらします。体内で形成される欠陥は電子励起によるものがほとんどで、原子衝突の寄与は極めて少ないです。ところが、一旦生成された欠陥のほとんどは、もとの状態に戻ってしまう（回復する）場合が多く、実際に結合の切断や、欠陥として残るのは、励起された電子の総数、はじき出された原子の総数からみて、非常にわずかです。またエネルギー量子の影響が及ぶのは第4章図4-5に示したように、その軌跡（動いていく道筋）の周りの数nm（ナノメーター）の範囲だけです。従ってエネルギー量子線が、体の中の組織の、組織のなかのどの細胞の、そして細胞の中のどこにエネルギーを与えたかによって、その影響は全く異なったものになります。

第4章で説明しましたが、エネルギー量子線の照射によって水1gに100 eVのエネルギーが与えられたときに、水分子が何個分解したかを表す値をエネルギー量子線のG値といい、通常の水のみにエネルギー量子線を照射する場合は、G値は約7とされています。水1gに100 eVのエネルギーが付与されるのは、27 μSvの被曝に相当しますので、いま体重60 kgの人が27 μsVの被曝をうけたときに人体全体で、どれだけの水分子が分解されるかを評価することができます。人体は全部水でできていると仮定すると、人体の構成する水分子のうち

$$7 \times 60 \times 10^3 = 4.2 \times 10^5 \text{個}$$

が分解され、水素原子やOHラジカルなどが生成されます。分解された水の分子の個数を重さに換算するとわずかに

$$4.2 \times 10^5 / (6 \times 10^{23} \times 18) = 3.8 \times 10^{-21} \text{ g}$$

です。生成した原子やラジカルは化学的に活性ですから、細胞の中で通常は起り得ない還元／酸化反応を引き起こします。しかし水の分解がDNAあるいはRNA等の生物細胞の増殖あるいは代謝に関わる分子種の近くで起こらない限り、その影響はないかあるいは極めて小さいといえるのです。また、細胞内に快復力もありますので、基本的には影響はさらに小さくなります。生物体の組織が命を維持するための重要度は組織によって大きく異なりますので、どこでエネルギーが落とされたか、すなわち、ナノメータースケールでのエネルギー量子線の進入位置とそこにどのような細胞（器官）があったかによってその影響は大きく異なるのです。

言い換えますと、低線量のエネルギー量子線の被曝による人体への影響（疾患等の出現）は、本質的に確率的なものなのです。極端に言えば、わずか1個のエネルギー量子の被曝で、最も重要な細胞のDNAを壊してしまう場合もあれば、一方では、多量の被曝を受けたとしても、それが細胞のDNAとは離れた場所であれば、その影響が全く現れない場合もあるのです。100 mSv程度の被曝が、体へ影響を与えるか／与えないかを分ける目安の被曝線量と考えられていますが、すべての人にそれが一律に適用されるのではなく、1 mSvで影響が出る場合や1,000 mSv（1 Sv）の被曝を受けても影響が出ない場合もあるのです。

外部被曝の場合は、エネルギーが体のどこを通ったか、内部被曝の場合は、エネルギー量子線源が体のどこにある（あったか）によって、影響が大きく異なります。さらに、影響の現れ方に差をつけるのが次項で述べる生物体の快復力です。

5-4-2 被曝により生物体内に発生した損傷の回復

前項ではエネルギー量子線の照射（被曝）により、直ちに発生する損傷のかなりの部分が回復し、損傷として残るものはわずかであることを示しました。加えて、生物体は、被曝によって生成された損傷を回復させる機能を持っています。このことは、第4章4-3節で述べています。また図5-2にDNAの損傷と回復のモデルを引用しています。

この回復は、定量的に評価できていません。基本的には、病気への抵抗力が人によって様々であ

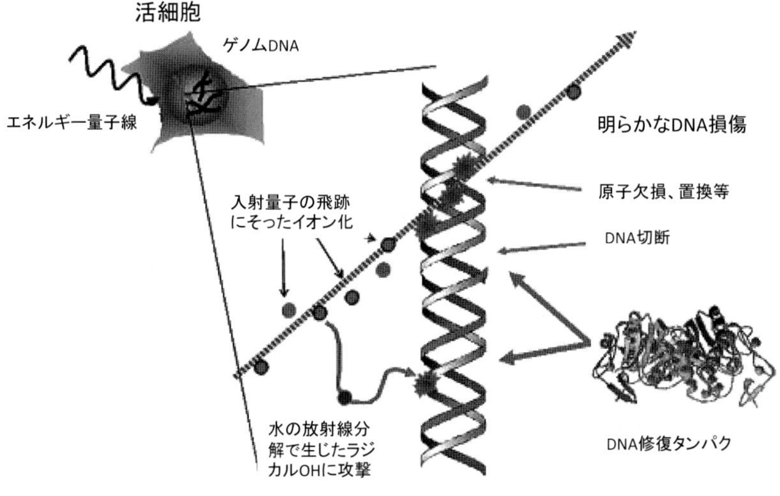

図 5-2　DNA の損傷と回復のモデル

［出典］http://asrc.jaea.go.jp/soshiki/gr/eng/mysite6/index.html　許可を得て転載

ることと同様です。精神力（気力）が極めて重要なファクターであることは周知の事実ですが、定量的どころか、気力が脳のどこで発生するのかですら不明です。快復力（抵抗力）は、個々人によって、また個々人の環境、精神状態によっても、大きく変化します。心身共に健康に過ごせるような環境に身体をおくことができれば、放射線の影響を低減できる可能性が高いのです。

また、DNA の損傷への回復力あるいは照射耐性だけでなく、細胞が集まった組織としての快復力あるいは照射耐性も念頭におく必要があります。通常 DNA が切断されれば、細胞の再生機能が失われ、細胞の死に至ります。しかし組織には死んだ細胞を排除する機能が備えられているため、一つひとつの細胞死が、すぐに組織の死やがん細胞化につながるわけではありません。

繰り返しになりますが、もし万が一にもエネルギー量子線に被曝した場合、すでに被曝した線量を減じることはできませんが、快復力を信じれば、被曝による症状の低減化がはかれるかもしれません。被曝を悲観しないで、快復力を信じて生きることが、現実に被曝の影響を低減することになるでしょう。第 1 章でも述べましたが、東京（成田）―ニューヨーク間を 1 往復しますと約 0.2 mSv 被曝します。年間 10 往復するビジネスマンは年間 4 mSv の被曝を受けていることになりますが、この被曝による健康障害についてはほとんど気にされていません。時差やビジネスによるストレスによる健康障害への影響の方が大きく、たとえなんらかの障害が現れたとしても、放射線によるものであることを証明することはできないでしょう。むしろ、日常を活き活きと働かれていることによって、（気力による）快復力が通常の人より強くなっているのではないでしょうか。

福島原発事故により被曝された方には大変気の毒ですが、これまでに被曝された線量当量は減らすことはできません。被曝したことがストレスになって被曝の影響を悪化させてしまうことは十分考えられます。ほとんどの方々にとって、被曝された線量当量はこれまでの研究では、直ちに影響が出るレベルではありません。もちろん将来にも影響が絶対にないとは言いきれませんが、今まで以上の大きな被曝がなければ、今回の被曝の将来への影響は、ほとんどの人にとっては（もちろん、多量に被曝された方がいらっしゃるのも事実ですが）農薬、たばこ、食物、生活ストレスが与えるリスクと遜色ないものだと思われますし、むしろそれらの方がずっと上でしょう。巷では、エネルギー量子線の照射がDNAに与えるのと同じような化学反応を与える様々な薬物（サリドマイド、DDTダイオキシン、環境ホルモンといわれる物質等々）に遭遇することも事実です。ご自分の快復力を信じて、ストレスのない日常の生活、規則正しい生活、復興への気力を充実させた生活を送っていただくように祈るばかりです。

5-5　短期被曝と長期被曝

注意していただきたいのは線量Gyあるいは線量当量Svの値はいずれもある有限の時間での積算値です。通常の線量計では計測していた時間の積算値で、μSvで表示されているものが多いです。実際の被曝では、同じ線量当量の被曝でも、1時間でそれを受けたか、1年でそれを受けたかでは、（すなわち線量率で見れば）被曝の効果に差が生じるのは当然です。しかしどのような差が現れるかは、必ずしも解明されているわけではありません。動物実験で、被曝の影響が明らかになるような高い線量率のもとでは、比較の研究例がありますが、低線量率では、莫大な個体を調べなければ正確なデータとは言えず調べることは至難です。

前節で、被曝の効果の現れ方には、エネルギー量子線が通過した直後の損傷の回復が重要な役割を果たすと説明していますが、一時に多量の欠陥を作れば、当然回復は難しくなりますから、同じ線量当量の被曝で考えますと、基本的には、長時間低線量率で被曝するよりも、短時間高線量率で被曝する方が、被曝の影響は大きいと考えるのが自然です。とはいえ、低線量率での長時間被曝では、短時間高線量率の被曝とは異なった欠陥の生成／回復となり得ますので、実際に調べてみないと、確実なことを申し上げるのは難しいのです。

このような観点からは、エネルギー量子線源によって与えられた積算エネルギーではなく単位時間当たりに与えられたエネルギーまたはパワー（W）を導入するのが理にかなっていると思います。こうするとGyはWs/kgとなり、どれだけの時間被曝したか、線源のエネルギーが高かったか低かったかの情報が残り、放射線の影響が議論しやすくなります。

歴史的には、放射線は得体の知れないものであるとされていたときから、エネルギーを運んでいるものであることが明らかになり、さらに様々な種類のエネルギー量子線があることが明らかになってきたわけですが、放射線影響を調べる際には、被曝の現れ方に着目して整理したものと思われます。このためエネルギー量子線の種類による影響の差にはあまり注意が払われず、重み因子などの経験的なファクターを導入して比較してきています。結果的には被曝の重要な部分はγ線だったわけで、大きな齟齬があったわけではありませんが、放射線影響を原理的（物理的、化学的）に理解しようとするには、線量当量だけでの整理には無理があることは、ある意味で科学の進歩と言えるかも知れません。この本のタイトル、「エネルギーの視点からみた放射線」も、今だから書ける内容になっているかと思います。

ともあれ、安全第一として、職業人、一般人それぞれに許容被曝線量当量が定められています。このため、1日あるいは1時間での被曝線量当量で生じた影響は、同じ線量当量を1週間あるいは1年間かけて被曝しても同じような影響が出ると仮定しています。職業人の場合は、生涯で1 Sv、5年間では100 mSv、このうち特定の1年では50 mSvを超えないように設定されています。特定の器官、目や皮膚には、これよりやや高い値が設定されています。また作業環境によっては、1時間、1週間等でそれぞれに設定されています。作業時間1時間で、1週間分として設定されている制限線量を超える被曝をしたとしますと、その週は、作業にたずさわれないようにしています。一時に受ける最大許容線量当量は規定されていません。何が起こるか分かりませんから、できないと言った方が適当かもしれません。被曝線量当量が非常に高くなる作業を余儀なくされるときには、1 mSv、50 mSv、100 mSvなど作業時間内での被曝積算値を制限した上で作業にとりかかることになります。実際に福島原発では、そのようにして作業されたことがあります。

一般人についての許容線量当量を通常時1 mSv、緊急時で20 ～ 100 mSvとしているのは1年間での被曝に対してです。

第6章

エネルギー量子線の検出測定

エネルギー量子線の存在を知りその影響を推し量るには、エネルギー量子線の種類（α線、β^-線、β^+線、γ線）とその強度（Bq）、そして放出されているエネルギー量子線の運んでいるエネルギーの大きさを知らねばなりません。それが分かると、その線源による被曝があった場合の被曝線量当量（Sv）が推定できます。これまで、何度もエネルギー量子線の検出は容易であると述べてきましたが、エネルギー量子の種類、放出されるエネルギー量子線の強度およびそのエネルギーを正確に測定することは容易ではありません。

エネルギー量子線の検出／計測器には、線源の強度のみが計測可能なものと、エネルギーと強度の両方を同時測定可能なものがあります。エネルギー量子線の計測に通常用いられている計測器の種類と、それらにより何が計測できるかを表6-1にまとめてあります。測定の原理または測定に利用する物理現象によって、それぞれの計測器が得意とするエネルギー量子線の種類が決まってしまいます。ここでは主として、体外被曝による人体への影響が大きいβ線とγ線の計測について述べることにします。

これらの計測器はいずれもエネルギー量子線の強度やそれの持っているエネルギーに関する情報を与えてくれますが、物や人がどれだけの線量または線量当量を被曝した（する）かについては、第2章で述べた方法で換算して求める必要があります。あらかじめ換算表を装置内に組み込んでお

表6-1　エネルギー量子線検出器の種類

検出方法		検出器名	主な測定対象放射線
電離作用を利用	気体	電離箱	α線、β線、γ線
		GM計数管	β線、γ線
		比例計数管	中性子線
		ガスフロー型計数管	α線、β線
	固体	半導体検出器	α線、β線、γ（X）線
励起作用（蛍光）を利用		NaI（Tl）シンチレーション検出器	γ線
		ZnS（Ag）シンチレーション検出器	α線
		プラスチックシンチレーション検出器	β線
		熱蛍光線量計（TLD）	γ（X）線
		光ガラス線量計	γ（X）線、β線、中性子線
写真作用を利用		フィルムバッジ	γ（X）線、β線、中性子線
		イメージングプレート	γ（X）線、β線、中性子線
放出エネルギーを測定		熱量計	α線、β線、γ線

き、その装置を人間と見立てて、あるいはそれを携帯した人間が、どれだけの線量を被曝したか（エネルギーを受け取ったか）が分かるようにしてあるものが、被曝線量計と称される計測器です。次節で、エネルギー量子線の強度、エネルギー量子のエネルギーの計測、エネルギー量子線の運ぶ全エネルギーの計測について簡単に述べた後、6-2 節にて被曝に関する線量計測について説明します。6-3 節では、最近の進歩が著しいエネルギー量子線源の存在分布の可視化について簡単に述べておきます。

6-1　エネルギー量子線の種類、エネルギーおよびその強度計測

表 6-1 に掲げたエネルギー量子線（放射線）計測機器は、エネルギー量子線の強度のみが測定できるもの、エネルギー量子線を構成する量子の数（強度）とそれの持つエネルギーを測定できるもの、そしてエネルギー量子線が運んでいるエネルギーを測定できるものに大別されます。計測の原理や詳細は、放射線計測の教科書等に詳しく書かれていますので、ここではそれぞれを簡単に説明するに留めます。

6-1-1　エネルギー量子線の強度測定

最も簡便なエネルギー量子線の検出器は GM 管とよばれているもので、正しくはガイガーミュラー計数装置と言います。図 6-1 は典型的な GM 管の写真です。この計測原理は、エネルギー量子線の電離作用を利用するものです。理解を助けるために、図 6-2 にその測定原理を簡単に示しました。GM 管は、ヘリウム、ネオン、またはアルゴンといった不活性ガスを封入した円筒形容器の中心に陽極を、周りに陰極を配置したものです。エネルギー量子線が円筒を通過すると、充填された不活性ガスの分子が電離され、正に帯電したイオンと電子が作り出されます。陽極と陰極の間には高電圧がかけられており、これが作り出す電場によりイオンは陰極に向かって加速され、電子は陽極に向かって加速されます。これらのイオン対（電子とイオン）は加速によって運動エネルギーを得ますので、移動中に他の気体分子と衝突し、それをイオン化させます。こうして、ガスの中に多数の荷電粒子が形成され、まず電子が陽極に到達し、やや遅れて陽イオンが陰極に到達します。そして、それらすべての電荷が電流として計測されることになります。計測される電流は図 6-2 右側に示したようにパルス状に流れます（パルス電流）。計測されるパルスの数が入射してきたエネルギー量子の数に対応し、パルス電流の大きさ（図 6-2 では電流パルスの高さ）はエネルギーの大きさによって変わります。計測結果は単位時間当たりの計測（カウント）数、counts per minute（cpm、カウント／毎分）、counts per second（cps、カウント／毎秒）などとして表示されます。

電流(i)は 1 秒間当たりに移動する電荷（Q）で定義されており、

$$i = dQ/dt \qquad (6\text{-}1)$$

1 アンペア（A）の電流は、1 クーロン（C）の電荷が 1 秒間に入ってくる、あるいは出ていくこと

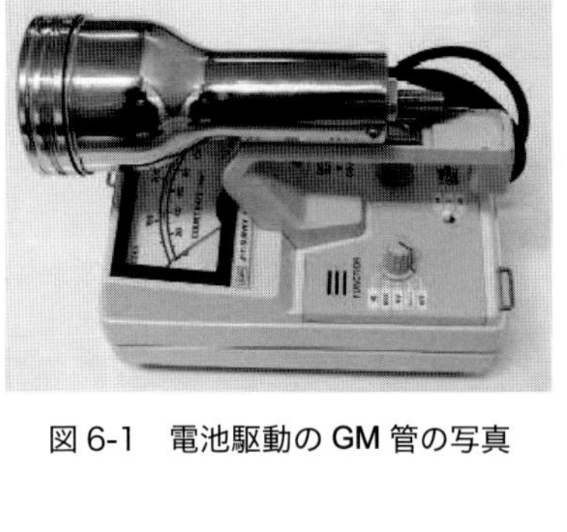

図 6-1　電池駆動の GM 管の写真

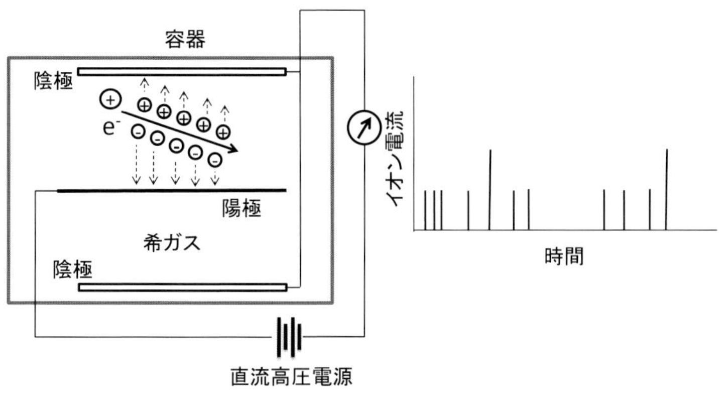

図 6-2　GM 管の動作原理と出力電流パルス

により発生する電流と定義されています。1秒間に1個の電子またはイオンが電極に入射すると、電子の素電荷は1.6×10^{-19} C なので、1.6×10^{-19} A の電流となります。通常の電流測定では、10^{-10} A 程度以上でないと検出できません。エネルギーの大きいエネルギー量子が1個 GM 管に入射すると、それ自身が多数のイオン対を生成すると同時に、生成したイオンも加速され、さらに多数のイオン対を形成するので、電流パルスとして計測されるようになるのです。我々の身の周りは電磁波（エネルギー量子線）であふれていますが、それらはエネルギーが低いので GM 管の窓を通過できないか、あるいは仮に通過できてもその中の希ガスをイオン化するだけのエネルギーを持っていない場合は、検出されません。一方、1 個のエネルギー量子が電荷を持っており、極めて大きいエネルギーを持っていたとしても、それにより得られる電流は1.6×10^{-19} A にしかなりませんので、小さすぎて検出することはできません。エネルギー量子線（放射線）は目に見えないと言われる所以です。

放射性同位元素の崩壊はランダム現象なので、当然 GM 管へのエネルギー量子線の入射はランダムになり、それに対応した時間間隔で電流パルスが流れます。単位時間当たりの入射エネルギー量子の数が増えると、GM 管内のガスがほとんど電離されてしまうような事態になるため、GM 管による極めて強度の高いエネルギー量子線の測定は難しくなります。

パルス電流を増幅してスピーカーから音が出るようにすると、エネルギー量子を 1 個検出するたびに、ピッと音を出すようにできます。強いエネルギー量子線（多数のエネルギー量子）を検出すると、ガーガーと連続的な音が出ますので、ガイガー検出器ではなく、「ガーガー検出器」と誤解している方もいらっしゃるようです。

GM 管による計測数値はあくまでも、検出されたエネルギー量子の個数に対応したものです。線源の強度（Bq/kg）にほぼ比例しますが、強度そのものではありませんので、6-1-5 項で説明しますように立体角の補正、計数効率を乗じて、線源の強度に換算します。GM 管では β 線も γ 線も検出可能であり、β 線に対する感度は高い（50% 程度以上）のですが、γ 線に対する感度はあまり高くありません（数％以下）。α 線は、GM 管の窓を通過することができず、ほとんど測定できません。また GM 管では、電流パルスの高さは入射量子のエネルギーには比例しませんので、入射エネルギー量子線の種類や、それの持つエネルギーを定めることはできません。

最近の電子技術、特に半導体の進歩により、GM 管の電離現象の代わりに、エネルギー量子が、半導体内の電子を伝導帯に励起することを利用した半導体検出器の導入が進んでいます。特に次項に述べますように、電流パルスの高さが入射エネルギー量子線のエネルギーの大きさに比例するゲルマニウム（Ge）半導体を利用した半導体検出器の利用が進められています。

6-1-2　放射線強度測定（計数率）の誤差について

放射性同位元素の崩壊（エネルギー放出）は、半減期に従って減少していきますが、個々の崩壊現象はランダムに起こります。それ故、エネルギー量子の検出では、図 6-2 にも示されているように、パルス電流が発生する時間間隔は一定にはなりません。通常の放射線検出器で自然放射線を測定すると、10 cps あるいは 100 cpm 程度になります。実際には、1 分間計測を繰り返しますと、測定値は、たとえば、98、110、80、101 …… などになります。多数測定を繰り返してその平均が100 cpm であったとすると、実際に測定される値には 10% 程度の大小があり、90 から 110 cpm の範囲内になるはずですが、時には120 cpm になることもあり得ます。計数時間を増やすと（例えば30分にしますと、平均はほぼ3,000 になり）、ばらつきは5％以下になります。平均は 100 cpm であることに違いはありませんが、ばらつきの範囲が減少、すなわち測定精度が向上します。

崩壊現象は統計学的に整理されており、低計数の場合はポアソン分布、高計数になると、正規分布に従うようになるとされています。ポアソン分布に従ったランダムな崩壊現象であるとすると、多数回の計数の平均が M だったとして、ばらつきは $\sqrt{M}$ 程度になることが分かっていますので、実際に 1 回の計測で得られた N の値には、$\sqrt{N}$ の誤差があるものとして

$$\mathrm{N} = \mathrm{N} \pm \sqrt{N} \qquad (6\text{-}2)$$

と表示します。

正規分布に従っているとした場合は、第 2 章の図 2-1 に示していますように、計数を多数回繰り返し、平均値（M）と標準偏差（σ）の 2 倍ないし 3 倍を加えて計数値を

$$\mathrm{M} \pm 3\sqrt{\sigma}$$

などと表示します。

このように放射線計測によって、エネルギー量子数（エネルギー量子線の強度）を測定する場合には、必ず誤差が含まれています。誤差には、崩壊現象である故に必然的に含まれているものと、電気系統に起因するものとがあります。後者は技術的にできるだけ少なくしていますので、誤差のほとんどは統計的なものです。統計誤差は計数値が大きければ大きいほど小さくなりますので、測定時間を増やすか、測定回数を増やせば、測定精度を高めることができますが、崩壊現象がランダムに起こるという本質は変えられません。自然放射線よりやや強い線源測定では、計数値には常に 10 % 程度の誤差が含まれていることは認識しておく必要があります。

6-1-3　エネルギーの測定可能な計測器

入射したエネルギー量子のエネルギーを弁別して、それの持つエネルギーの大きさを計測できるようにしたのが、シンチレーション計数器、あるいは半導体検出器などといわれる計測装置です。これらの装置では、エネルギー量子線が検出器に与えるエネルギーを検出して、特定のエネルギーを持った量子を何個検出したかを計測値として与えてくれますので、計測結果は横軸にエネルギー、縦軸に強度（エネルギー量子の数に比例）を示したグラフとなります。図 6-3 に半導体検出器を使って、福島原発の事故の 4 日後および 8 日後に、事故で撒き散らされた粒子を拭き取って集めた試料から放出されているエネルギー量子線の計測結果を示しました。エネルギー 0 keV から 2,500 keV (2.5 MeV) まで連続的に減少している信号に、鋭いピーク信号が足しあわされた形になっています。鋭いピークは放射性同位元素から放出されたエネルギー量子線の強度を示しています。縦軸は対数スケールになっていますので、エネルギー量子線の強度としては、連続的に変化している部分より、

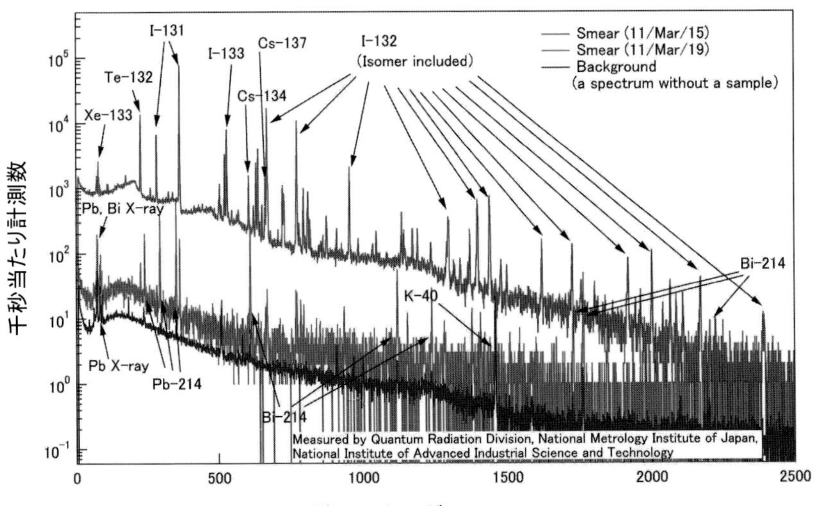

図 6-3　福島原発から撒き散らされた粒子をこすり取った試料を、半導体検出器で測定した結果得られたエネルギー量子線の放出分布。最下線はバックグラウンド（試料なし）の測定結果で、天然に存在する ^{40}K が検出されている（口絵 4 参照）

［出典］https://www.aist.go.jp/taisaku/ja/measurement/ 産総研つくばセンター

鋭いピークの強度の方が2〜3桁大きくなっていることが分かります。図に示された放射性同位元素はすべて、福島原発の燃料棒内で生成された核分裂生成物（FP）です。最も下の線は試料がないときの測定値（バックグラウンドといいます）で、自然に存在する ^{40}K が測定されていることが分かると同時に、その強度は全エネルギー領域にわたって 2 桁程度低いことも分かります。

FP に注目してみますと、試料が採取されたのが、福島原発事故後 4 日とあまり時間がたっていないので、半減期の極めて短い ^{132}Te からの放出が見えています。またその次に半減期の短い ^{132}I、そして ^{131}I、そして ^{134}Cs、^{137}Cs が見えています。第 3 章図 3-4 で示されている ^{131}I の γ 線、0.284 MeV（6.14%），0.364 MeV（81.7%），0.637 MeV（7.17%）（^{134}Cs と ^{137}Cs の間のピーク）が、それぞれ括弧内の比率で検出されていることが分かります。また ^{137}Cs の γ 線 0.662 MeV（85.1 %）も検出されています。上から 2 番目の線は、1 番上の測定（3 月 15 日）からわずか 4 日後の 3 月 19 日の測定結果ですが計測値は約 1/100 に下がっていることが分かります。さらに事故後 6 年を経過した現在では、^{132}Te は核崩壊（エネルギー放出）によりそのほとんどが消失してしまい、検出されなくなっています。I もかなり減少し、Cs が主な線源になっています。

6-1-4　カロリーメトリー（熱量計）

エネルギー量子線が運んでいるエネルギーは、最終的には熱に変換されます。熱量計はまさに、エネルギー量子線の運んでいるエネルギーをすべて熱に変換して測定するものです。具体的にはエネルギー量子線源を周囲の環境とは熱絶縁した状態で、線源から放出されるすべてのエネルギーがその物質に吸収されるような十分な厚さを持った物質で取り囲み、その物質の比熱と温度上昇から、放出されたエネルギーの絶対量を測定します。これによりエネルギー量子の運んでいるエネルギーの絶対量の測定ができます。

6-1-5　エネルギー量子線源の強度

多くの場合、エネルギー量子線源は点や面なので、エネルギー量子線の放出は空間的には方向性があり、一様ではありません。図 6-3 の縦軸は1,000秒当たりのカウント数になっており、線源から放出されるエネルギー量子線の個数に比例はしますが、このままでは単位質量当たりの線源の強度、例えば Bq/kg にはなりません。カウント数に立体角の補正、計数効率を乗じて、線源の強度に換算しなければなりません。図 6-4 に ^{226}Ra から放出される α 線の軌跡が示されていますが、α 線の場合は空気中の分子と衝突してエネルギーを失うので、まっすぐに進む距離は非常に短く、また短距離でエネルギーを失って止まってしまいます（図ではわずか数十 μm です）。一方 γ 線は空気中なら 10 m を超える距離でもほぼまっすぐに進みます。検出器の検出可能な面積（体積）は限られていますので、検出されるエネルギー量子数は、線源が点または非常に小さいときは、線源からの距離の 2 乗に反比例して減少します。また線源が大きな面であれば距離に反比例して減少します。

図 6-5 に、点線源からのエネルギー量子線による空間線量率が、線源からの距離に応じて減衰す

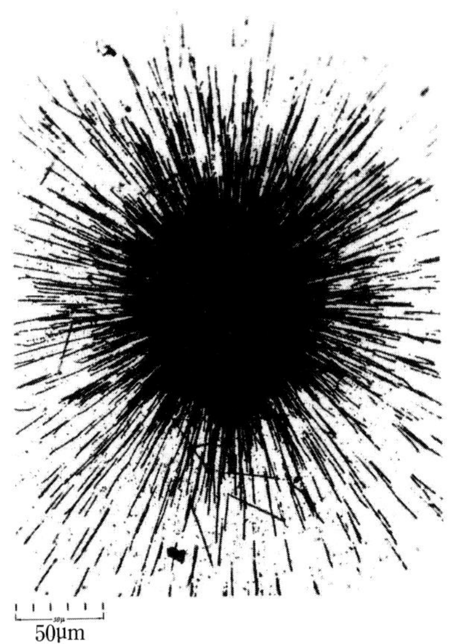

図 6-4　^{226}Ra（ラジウム）から放出された α 線の軌跡

［出典］http://www.sciencephoto.com/media/1246/enlarge にて公開

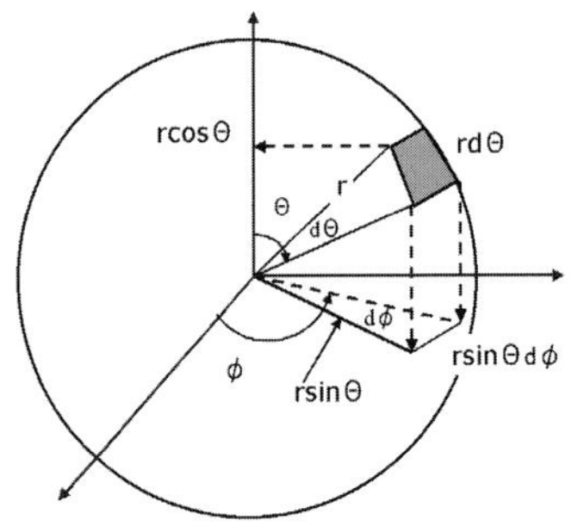

図 6-5　中心に点線源があった場合、エネルギー量子線が同心球のように拡がっていく様子。単位面積当たり通過する量子数は立体角 r･sinθ・dϕ に比例し、r^2 に反比例して減少する

る様子が分かるように示しました。rdθ を立体角といい、その表面積は距離の 2 乗に比例して増加します。線源から放出されるエネルギー量子線が単位時間当たりにこの立体角を通過する数は一定なので、線量率は線源からの距離の 2 乗に反比例して減少します。すなわち、検出器がエネルギー量子線を受ける面積は一定なので、点線源から放出されるエネルギー量子数を検出する際の単位面積当たりを通過する量子数（カウント数）は、距離の 2 乗に反比例して減少することになります。

検出器に入射したエネルギー量子線はすべてカウントされるわけではなく、数え落としがあります。検出器の検出効率とは、入射したエネルギー量子線 1 個当たり何個検出できるかを示す数字で、カウント数を検出効率で除した（割った）値が、検出器に入射したエネルギー量子線の数となり、検出器の検出面積で補正を加えると、検出器が設置された位置での、エネルギー量子線の入射フラックス（個／m^2･s：入射粒子数／単位面積・単位時間）となります。点線源であれば図 6-5 に従って球面の全面積に換算（積分）し、点線源のエネルギー量子線の放出率 Bq が得られ、それを線源の強さで割ると線源の強度 Bq/kg が得られることになります。

福島の牛肉から暫定規制値（500 Bq/kg）を超える Cs が検出されたことが報道されていますが、500 Bq/kg の β 線を発生する肉塊からの β 線を牛肉に接近させて（肉塊の中心から 10 cm 程度離れたところ）、計数効率 50 % 程度の小型の GM 管（検出器面積 10 cm^2）で測定したとしますと、(0.5（検出効率）× 500（Bq）× 10（検出面積）/（4π × 10^2）すなわち約 2 カウント／秒（cps）程度の値になります。暫定規制値（500 Bq/kg）の Cs を含んだ肉を食したとしても、直ちに影響が出るレベルではありませんので、この概算に従えば、1 kg の肉から 10 cps 程度以下の計数が記録された場合であれば、食して問題はないと言えましょう。

土壌からのエネルギー量子線は面線源と考えられますので、土壌の上部空間（空気中）での線量は距離に比例して減少します（ただし、線源面積が膨大だとあまり減少しません。むしろ土壌より少し上部で増える可能性もあります）。土壌直上でGM管で測定することを考えてみましょう。土壌中放射性Cs濃度の上限値は5,000 Bq/kgと定められています。土壌の密度は約2程度ですから、1 kgの土壌は500 cm^3の体積（ほぼ1辺が8 cmの立方体）になります。表面だけが汚染され、規制値に相当する量のCsが表面に集中しているとすると、エネルギー量子線は表面から外部と内部の2方向に放出されますので、単位面積あたり5,000（Bq）÷ 2（方向）÷ 64 cm^2（表面積）= 39 Bq/cm^2のエネルギー量子線が放出されることになります。これを先ほど同様、検出効率50 %、検出面積10 cm^2程度の面積を持つ小型のGM管を土壌に密着させて計測したとしますと、39 × 10 ÷ 2 = 400 cps程度の計数率になります。実際には土壌表面にすべての線源が存在しているわけでなく、内部にも分散されていますので、この計数率よりも低くはなりますが、土壌にほぼ密着させて数百cps程度の計数率が見出された場合は、規制値を上回っている可能性が高いことになります。この2例の見積もりは、あくまでも目安（概算）ですので、この程度以上の数値が簡易GM管で検出された場合には、詳しい測定を自治体あるいは担当官庁に依頼するなどしていただく必要があります。

6-2　被曝線量計測

前節で、エネルギー量子線源の種類と強度そしてそのエネルギーの測定については、計測機器さえあれば、おおよその線源の強度（Bq/kg）は見積もることができることを述べました。しかし、これらの計測器で測定されるのは検出器に入射するエネルギー量子のフラックス（単位面積単位時間当たりの入射エネルギー量子数）であって、この値から被曝線量を正しく見積もることは、容易ではありません。

福島原発事故ではFPである様々な放射性同位元素が撒き散らされ、それによる被曝が問題となっていますので、大人の場合年間20 mSv、子供は1 mSv以下の被曝に抑えるように除染するのが政府の方針となっています。この被曝線量当量と前節のエネルギー量子線の強度との関係は、第2章で述べていますが、ここで計測の観点からもう一度振り返ってみます。

図6-6に被曝線量計の代表であるポケット線量計の写真を示します。このポケット線量計を身につけていれば、身につけていた人の被曝による「被曝線量当量」の値が通常μSv単位で表示されます。

ところで、第1章で詳しく述べましたように、エネルギー量子線源からのエネルギー量子に曝されることが被曝ですが、被曝により、人体がエネルギー量子線の持つエネルギーの一部または全部を受けとる（付与される）ことも被曝と言います。人へのエネルギー量子線の健康影響という観点からは、後者の方を被曝といい、付与されたエネルギーを被曝線量（Gy = J/kg）、または線量当量（Sv）として表しています。

図6-6のような線量計では、測定しようとするエネルギー量子線の照射により水またはアクリル樹脂に与えられるエネルギー（線量）から線量当量に変化するプログラムまたは換算式をあらかじ

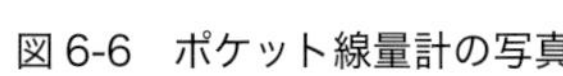

図 6-6　ポケット線量計の写真

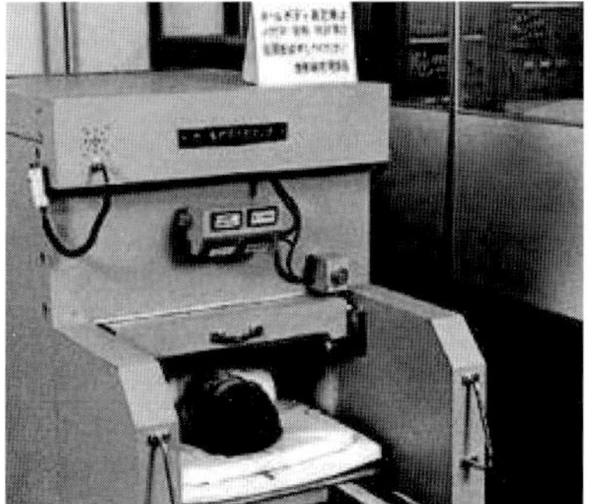

図 6-7　ホールボディーカウンターで体内に取り込まれたエネルギー量子線源分布の測定を行っている様子

め装置に組み込んでおき、人体への被曝線量当量（図 6-6 のポケット線量計では μSv）で表示するようにしたものです。エネルギー量子線場（エネルギー量子線の空間強度分布）が均一のときは、ポケット線量計に表示された数値は、それを身につけた人が、外部被曝した被曝線量当量と見なして良いのですが、局部的に、例えば前節に述べた点線源があった場合は、被曝する場所、特に線源からの距離によってエネルギー量子線の強度が大きく異なりますので、この線量計の値がそのまま被曝線量当量になるわけではありません。また内部被曝については、この線量計は情報を与えてくれません。取り込まれた線源の位置とその線源の強度を特定し、被曝線量当量を推算するしか方法はありません。人体にどの程度のエネルギー量子線源が取り込まれているかを計測するには図 6-7 のような、ホールボディーカウンターを用います。ちょうど PET スキャナーと同じように計測器を全身の周りに配置し、頭から足先までエネルギー量子線の強度分布を取っていきます。ただし、体内に取り込まれたエネルギー量子線源が α 線や β 線であった場合は、体表までは出てきませんので、体外からは測定できません。幸か不幸か、原発から放出された Cs や I は、β 線と γ 線の両方を放出していますので、γ 線が計測できれば、どれだけの β 線があるかは算出できます。

図 6-4 に示した ^{226}Ra のように α 線のみしか放出しない線源が体内に取り込まれた場合、体外から直接検出することはできません。このような場合は、体液すなわち血液、リンパ液、尿などを採取測定することにより、体内に取り込まれているかどうかを調べることができます。またその濃度の経時変化を調べることにより、体外に排出されることの確認も可能です。

わかりにくい話になってしまいましたが、被曝線量当量を正しく評価することは難しいのです。特に体内被曝による被曝線量当量を直接測定する方法はありませんので、線源がどこにあってどの程度の強度であるかをもとに推算するしかありません。線源が体内に取り込まれなければ、体内被曝は起こりませんので、経口による取り込みには十分注意してください。ただし、取り込まれたとしても、生物学的半減期で排出されますので、必要以上に過敏に、あるいはヒステリックに反応しないことも重要です。

エネルギー量子線の被曝による影響評価の研究あるいは放射線生物学の発展の過程で、シーベルト（Sv）という単位が導入されましたので、エネルギー量子線による被曝の評価をするにはたいへん便利である反面、エネルギー量子線はエネルギーを運んでいるものであるという観点が見落とされがちです。被曝を正しく評価するには、エネルギー量子線の種類と、吸収エネルギー（Gy）を正しく測定し、臓器に応じてどのような影響が出るかを予測する方が良いのかもしれません。現実的には、Gy と Sv の値は、大きくは異なりませんので、おおよその議論には、どちらで表示しても良いと思われます。むしろ Gy で表示する方が適当ではないかと思っています。

ともあれ、1 年間の被曝の規制値として、緊急時に、子供で 20 mSv との規制で十分かどうかは議論の余地がありますが、現状の計測では 20 mSv という値は厳密なものではなく 10 ～ 40 mSv の拡がり、あるいは 10 ～ 20 mSv 程度の幅を持った値であることは、第 2 章 2-5 節で述べたとおりで、ご理解いただきたいと思います。

6-3　エネルギー量子線源分布の可視化

エネルギー量子線に 1 Gy もの被曝をすれば、すぐに目に見える影響が出るでしょうが、エネルギー量子の一つひとつは直接見ることができませんし、それを感じることもできません。しかし、最近の検出技術の発展により、エネルギー量子線（放射線）の分布を可視化することが可能になっています。この技術は、基本的には X 線による人体の透視や、構造体の非破壊検査と同じです。透視の場合は、外部にエネルギー量子線源（前者では X 線源、後者では γ 線源）を置き、それが人体あるいは物体を透過する際にそのエネルギーの一部を失うので、均一な強度のエネルギー量子線が人体や構造体を透過した後には、その組織／構造に応じた強度分布ができるわけです。ほとんどの方は、健康診断等により得られた、ご自分の胸部 X 線写真をご覧になったことと思います。日本人の医療による被曝は、1 年間の平均で、3.7 mSv であることはすでに述べたとおりです。

一方、物体そのものにエネルギー量子線源が内包あるいは付着している場合は、そのエネルギー量子線を検出して、線源の強さ分布を可視化することができます。これには、最初、写真技術が使われていました。エネルギー量子線は可視光が写真乾板を感光させるのと同じ働きをします。またこれによって、キューリー夫人が放射線（エネルギー量子線）を発見できたわけです。写真技術と同じ方法でエネルギー量子線源の分布を可視化するこの方法は、オートラジオグラフ法と呼ばれ、トリチウム（^{3}H）の β 線を可視化したトリチウムオートラジオグラフは、トリチウムが水素と同じ性質を持つので、金属中の水素挙動の研究、特に水素脆性といって環境中の鉄鋼が突然破壊する現象の研究に利用されてきました。

最近の写真技術の発展は目覚ましく、現像／焼付などの面倒な手続きを経ずに、写真を直ちに可視化できるようになっています。イメージングプレートと言われているものです。イメージングプレートを利用しますと、エネルギー量子線源の分布を簡単に可視化することができます。第 1 章図 1-7 に掲載した根菜類の中に含まれている ^{41}K の分布はその例です。また第 5 章図 5-1 は福島原発事故で撒き散らされた放射性物質（エネルギー量子線放出物質）が、植物の葉上にどのように堆積しているかを示していますし、第 5 章で述べましたように、γ 線と β 線を放出する物質とが存在していることも示しています。

6-4　被曝の線量当量による影響評価と測定の精度

6-2節では放射線影響を論ずる際に、被曝線量に大きな幅を持って考える必要があることを述べましたが、この節では被曝線量およびエネルギー量子線強度測定の測定可能桁数について議論し、被曝による影響をSv（被曝線量）単位で比較することの難しさについて述べます。

6-4-1　被曝による影響をSv（被曝線量）単位で比較することについて

ICRP（国際放射線防護委員会）の勧告「緊急時に公衆の防護のために、委員会は、国の機関が、最も高い計画的な被ばく線量として20～100 mSvの範囲で参考レベルを設定すること（ICRP 2007年勧告、表8）をそのまま変更することなしに用いること」にありますように、被曝線量としてSv値が採用されており、日本で販売／使用されているポケット線量計のような簡易放射線計測器では、測定された線量はSv単位で表示されています。

放射線被曝による生物影響出現の研究の際に、被曝線量あるいは、放射線の種類、異なった臓器へ被曝の影響をできるだけ同じ「ものさし」で比較しようとして導入されたと思われる線量当量を使って議論することは、エネルギー量子線の種類の特定と、個々の量子が持って（運んで）いるエネルギーを昔に比べはるかに容易に測定できるようになった今、適当であるとは思われません。

実際に放射線測定器で検出・測定されているのは、まず、計測器に入射する単位時間あたりのエネルギー量子数で、Bqで表示されるべきものです。少し難しくなりますが、エネルギー量子の種類とそれが検出器に入射したときに持って（運んで）いるエネルギーの測定も可能です。これによって、検出器に入射するエネルギー量子線が、単位時間当たりに検出器に付与するエネルギー量Gyが決定できます。これに基づいて、検出器と同じ位置に人がいると仮定し、第4章で詳述いたしましたように線量当量Svに換算して表示し、それを被曝による影響評価のために使っています。しかし、簡易型の計測器で同じBq数を与えてもエネルギー量子の種類が異なっていれば、その種類（イオン、電子、光子）とそれが持って（運んで）いるエネルギー、また、受け手が人（被曝）であれば、人体の臓器／器官によって、算出されるSvの値はかなり異なることになります。

計測技術が進んだ今、エネルギー量子線源1 kg当たり、1秒間に放出するエネルギー量子の数（Bq/kg）は計測可能ですし、個々の量子が持って（運んで）いるエネルギーも、計測できます。これにより、線源が放出している単位質量、単位時間当たりの総エネルギー（Gy/s、Gy/h等）は厳密に定めることができます。一方受け手側1 kg当たりに与えられる単位時間のエネルギー（被曝線量）も、簡単ではありませんが測定可能ですし、最近のシミュレーション計算技術の発展により、かなり正確に算出することができます。

繰り返しになりますが、被曝したエネルギー量子線の種類とそのエネルギー、および被曝した人体の部位によって、吸収エネルギー（被曝線量）が異なりますし、その影響も異なります。あらかじめそれを考慮した2つの重み計数（第2章表2-1のエネルギー量子の種類による効果、表2-1および表2-2の体の組織による違いの重み計数）を使って、吸収エネルギー（被曝線量（Gy））を線量当量（Sv）に変換して比較していますが、被曝のデータが蓄積した今、どの臓器に、どのようなエネルギー量子線がどれだけの数（Bq）で進入しどれだけのエネルギーが吸収されたか（Gy）が明示できれば、線量当量表示に変換する必要はないと思われます。

第2章表2-1ではX線、γ線、β線のいずれもが荷重係数が1となっていますが、三者間による差はあるはずです。また中性子、α線それに重い原子核では20となっていますように、そもそも光子や電子のような軽い粒子による照射と、重い粒子による照射とではエネルギーの与え方は全く異なっていますから、照射効果を同列に論じる必要はありません。

一方、第2章表2-2に与えられた組織に対する重み計数は、脳を除けば、器官による差はせいぜい3倍程度しかありません。次項に、放射線測定の問題点と誤差について述べますが、放射性同位元素からの核崩壊に伴い放出されるエネルギー量子の放出数は、時間的には均一でありません。6-1-2項で説明したように核崩壊現象はランダムな現象なので、長時間崩壊数を積算すれば測定の再現性は増えますが、短時間の測定だと統計的にばらつきが増えます。また崩壊数が少なくなればなるほど、計数のばらつきは増えます。

第2章表2-3および第4章図4-1に示されていますように確率的に、しかも被曝線量を対数スケールにしてしか、放射線影響を議論できないような低線量の被曝において、3倍の差は必ずしも有意ではありません。とすれば、わざわざSvに変換しないで、エネルギー量子線を特定した上で（昔と違って、エネルギー量子の種類を特定することは難しくはありませんので）、吸収線量（Gy）のままで議論する方が、物理的にはわかりやすく、かつ一般の方にも納得しやすいものではないかと思います。放射線影響の研究には長い歴史があり、放射線影響のSvによる整理が進んでいますが、一度見直していただきたいと思っています。

6-4-2　被曝線量あるいはエネルギー量子数の測定精度と測定可能桁数について

第2章表2-1および第4章図4-1に示されていますように、被曝影響を表示する際の線量は、1 μSvから1,000 Svまで、実に9桁にわたって拡がっています。当然ですが、9桁の精度で計測できるような測定は有り得ません。物差しを例に考えて見ましょう。仮に20 cmの物差しがあったとすると、測定できる最小の長さは0.1 mm程度でしょう。言い換えると3桁程度の測定しかできません。更に小さい測定はマイクロメーターで行います。これで1 mm～1 μm程度、顕微鏡の力をかりても数nmまでしか測定できません。放射線の測定も、その線量に応じて測定方法が変わります。さらにエネルギー量子線が放射性同位元素の場合は、その崩壊数には統計的なばらつきが伴います。6-1-2項で説明しましたように通常では、何回も計数を重ねて、平均値を出すと共に、統計的なバラつき加減が、マックスウェルボルツマン則あるいは正則統計に従っているとして、標準偏差の2倍または3倍の誤差を認めています。あるいは、計数率がNだとすると、Nの平方根の誤差を伴っているとしています。誤差は、単位時間当たりの崩壊数または計数率が少なければ少ないほど、大きくなります。

高い線量率、例えば1 Svでは、1 mSvの多少は無視されます。一方で、低い線量では1 mSvの差は、確率的影響に大きな差が出ます。ここにも放射線影響を議論する上での難しさが潜んでいるのです。いま最も単純に、放射線影響が、線量率に比例するとします。さらに第2章表2-3に従って、200 mSvの被曝で白血球減少が被曝者全員に現れるとしますと、その1万分の1である20 μSvの被曝では1万人に1人に影響が出現することになります。読者の皆様は、これをどう考えるでしょうか？　すごく多い？　それともすごく少ない？　これを確かめるためには、少なくとも10万人程度を調べなくてはなりません（10万人で10人程度の方に影響が現れることになります）。また重み計数が2倍違っていたとしてもやはり10万人程度を調べないと、確たることは言えません。低線量で放射線影響を予測することは極めて難しいことなのです。

だからといって、低線量の被曝は安全だと申しあげているのではありません。本質的に統計的現象であり、しかも希にしか現れない事象の出現予測は難しいのです。がんその他の疾病、自殺等、誰にでも起こるわけではありませんが、日本では毎年数万人程度はそれらにより亡くなられています。交通事故も同様です。しかし、日常それを意識することは少ないです。

前章でも述べましたように、エネルギーの利用はリスクを伴います。放射線エネルギーの利用もまたしかりです。リスクを正しく評価し（他の事象とのリスクの比較も含めて）、誰がそれを負担するかは、明確にしておくことが必要だと思っています。そのためにも、この本から、放射線はエネルギーを運んでいるものであり、そのエネルギーの運び方、そして物質へのエネルギーの与え方は、エネルギー量子の種類によって異なりますが、物理的にはほぼ解明されていることを理解していただいた上で、その化学的あるいは生物的影響を読み取っていただけましたら幸いです。

第７章

エネルギー量子線の利用

エネルギー量子線はエネルギーを運ぶもので、そのエネルギーがどのように失われていくか、あるいはどのように使われるかによって、人類にとって毒にも薬にもなります。エネルギー量子線に限らず、多量のエネルギーを利用する際には、必ず副作用（人間にとって望ましくない現象）があります。化石燃料を利用する際には、必ず二酸化炭素の発生が伴います。最近は事故が減ってはいますが、高圧水蒸気を発生させる蒸気機関でのボイラーの暴発は、産業革命の初期には大問題でした。

エネルギー量子線（放射線）は実に様々な分野で利用されています。図 7-1 は、宮城県編纂の「知ろう・学ぼう 原子力と放射線」という小冊子に掲載されている「放射線利用の樹」で、放射線がど

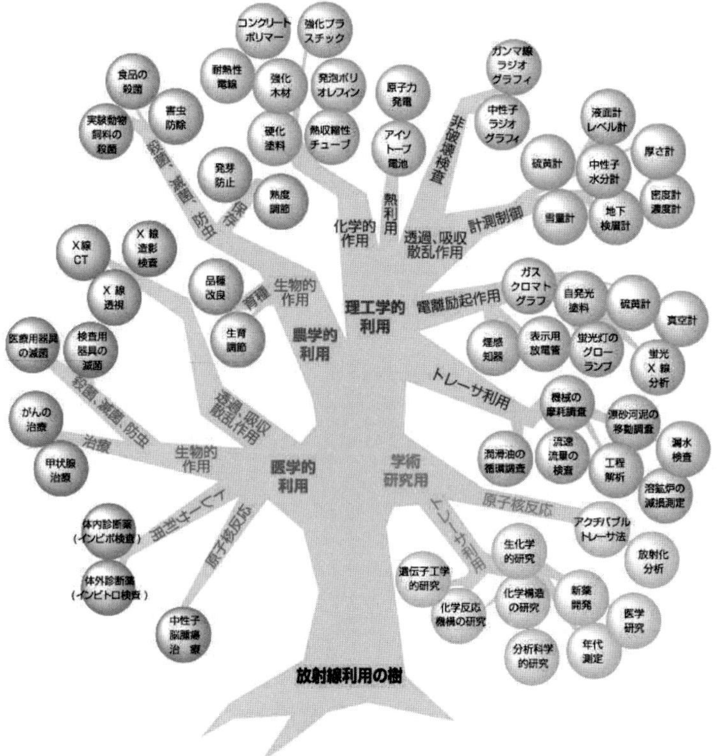

図 7-1　様々な分野でのエネルギー量子（放射）線の利用

［出典］http://www.pref.miyagi.jp/uploaded/attachment/258495.pdf　許可を得て転載

のように利用されているかがうまくまとめられています。様々な分野で利用されていますが、医療用としてのX線撮影とがん治療のための放射線照射を除くと、普段の生活ではあまり意識されていないのが現実かと思います。しかし、実際には、架橋によるプラスチック製品の高性能／高機能化、滅菌／殺菌あるいは煙感知器などは放射線利用なしにはあり得ないものです。また宇宙からやってくるミューオンによる福島原発の燃料デブリの状態の観察も、記憶に新しいところです。

これら放射線利用に関するデータは電力中央研究所放射線安全研究センターのホームページ上「身近な放射線」(http://criepi.denken.or.jp/jp/rsc/knowledge/index.html) に、放射線利用データブックとして掲載されています。

この章では、放射線エネルギーが滅菌／殺菌、医療そしてエネルギー源として利用されるために、どのようにエネルギー変換がなされているかという観点から概説します。

7-1　滅菌／殺菌

エネルギー量子線による滅菌や殺菌は、まさに放射線が怖がられている性質の一つをそのまま利用しています。基本的には細胞内部での化学反応により、細胞の機能そのものを破壊あるいは増殖作用を失わせ、死に至らせるものです。照射により細胞内部で引き起こされるのは化学反応ですから、死に至らせる化学反応の種類は、農薬や消毒薬とは違うかもしれませんが、化学反応による細胞の死という観点からは両者は同じようであると言えましょう。

ただし、農薬などでは薬品が直接化学反応に寄与しますが、エネルギー量子線の場合は、第4章で示しましたように、それが細胞を構成する重要な原子に直接衝突することは極めて希で、その原子の周りに存在する電子にエネルギーを付与し、やや高い (10 eV ～ 1 keV 程度) エネルギーを持った多数の電子を発生させ、それらが化学反応を引き起こします。いわば二次的現象によっていると言えます。

ともあれ、第4章表4-1にありますように、ウイルスや菌などのいわゆる下等生物へのエネルギー量子線照射による致死線量は、人間のような高等生物のエネルギー量子線照射による致死線量に比べて4桁程度大きいので、滅菌／殺菌装置からは、人は厳重に隔離された状態で作業が行われます。またエネルギー量子線源が強いので、検出も容易で、事故への備えには万全を期して行われます。沖縄ではウリミバエという害虫駆除のため、雄を放射線照射により不妊化し、根絶するのに成功したことはよく知られています（詳しくは、沖縄県病害虫防除駆除センターのホームページ http://www.pref.okinawa.jp/mibae/ を参照してください)。

食品の劣化を防ぐための照射は、世界各国で行われており、その経済効果は2兆円にのぼると見積もられています。食品照射は、香辛料、肉等多様な食品に応用されています。表7-1には、世界における食品照射処理量がまとめられています。特に香辛料への照射は多くの国で行われています。日本では馬鈴薯への照射のみが認められています。多くの国で認められている香辛料や肉等の食品への照射を、過度に心配する必要はありません。前述のように、照射により放射能が「乗り移る」

表 7-1　世界における食品照射処理量

	国	処理量（トン）		照射食品
		2005 年	2010 年	
1	中国	146,000	266,000	ニンニク，香辛料，穀物，肉，他
2	米国	92,000	103,000[1)]	肉，果実，香辛料
3	ウクライナ	70,000	?	コムギ，オオムギ
4	ブラジル	23,000	?	香辛料，乾燥ハーブ・果実
5	南アフリカ	18,185	?	香辛料，その他
6	ベトナム	14,200	66,000	冷凍魚介類，果実
7	日本	8,096	6,246	馬鈴薯
8	ベルギー	7,279	5,840	カエル脚，食鳥肉，エビ
9	韓国	5,394	300	乾燥農産物
10	インドネシア	4,011	6,923	ココア，冷凍魚介類，香辛料，他
11	オランダ	3,299	1,539	香辛料，乾燥野菜，食鳥肉
12	フランス	3,111	1,024	食鳥肉，カエル脚，香辛料
13	タイ	3,000	1,484[2)]	香辛料，発酵ソーセージ，果実
14	インド	1,600*	2,100[2)]	香辛料，乾燥野菜，果実
15	カナダ	1,400	?	香辛料
16	イスラエル	1,300	?	香辛料
17	メキシコ	-	10,318	果実（グアバ，他）
	その他	2,929	3,687	
	合計	404,804	474,461[3)] (577,000)[4)]	

1）果実・野菜の処理量 15,000 トンにはメキシコ等からの果実輸入量を含む
2）民間会社の処理量含まず
3）ウクライナ、ブラジル、南アフリカ、カナダ、イスラエル含まず
4）ウクライナ、ブラジル、南アフリカ、カナダ、イスラエルは 2005 年の処理量維持として求めた 2010 年における全世界の推定処理量

［出典］久米民和「世界における食品照射実用化の現状」食品照射、49 巻 1 号 2014 年、115 頁

ことはありませんので、心配する必要はありません。

7-2　医療

医療用に限らず、γ 線や X 線による物質内部の透視は、まさに高エネルギーの電磁波の物質内での透過減衰を利用していますので、原理的には線源と検出装置の間に、検査したい物質を置くだけです。検出の際には、エネルギー変換を行いますが、基本的には可視光線を検出する写真フィルムと同じです。一方治療のためのエネルギー量子線を利用する際には、エネルギーを運んでいる量子の特性を利用して、それぞれに異なる方法で、時には異なった目的に使われています。

エネルギー量子線照射によるがん治療につきましては、国立がん研究センターのがん情報サービスのホームページ上に、「放射線治療の種類と方法」として詳細な記述があります（http://ganjoho.jp/public/dia_tre/treatment/radiotherapy/rt_03.html）。

表 7-2　現在治療に運用中のエネルギー量子線の種類と照射方法

	エネルギー量子線の種類		照射方法の名	
外部照射	電子線		一般的な高エネルギー量子線治療	
	X 線		一般的な高エネルギー量子線治療	
	X 線		三次元原体照射	
	X 線		強度変調放射線治療（IMRT）	
	X 線		画像誘導放射線治療（IGRT）	
	X 線		定位放射線治療（SRT） 定位手術的照射（SRS）	
	γ 線		定位放射線治療（SRT） 定位手術的照射（SRS）	
	陽子線 重粒子線		粒子線治療	陽子線治療
				重粒子線治療
内部照射	密封小線源治療	X 線、 β 線、 γ 線など	組織内照射	
		γ 線	腔内照射	
	非密封放射性同位元素による治療	α 線、 β 線、 γ 線など	内用療法	

表 7-3　研究段階の放射線治療（代表的なもの）

	エネルギー量子線の種類	照射方法の名	
外部照射	陽子線 重粒子線	（粒子線治療）	陽子線治療
			重粒子線治療
	中性子線	ホウ素中性子捕獲療法 (BNCT: Boron Neutron Capture Therapy)	

表 7-2および表 7-3にありますように現在利用されているエネルギー量子線源としては、電磁波としてγ線、X 線があり粒子線として陽子線、重陽子線、重粒子線、中性子線があります。

γ線、X 線は、同じ電磁波でも可視光のように物質内での屈折は期待できず、レンズによる集光が利用できません。γ線の屈折や集光ができると、エネルギー量子線の安全な取り扱いが容易になりますのでたいへん望ましいのですが、波長が短いための原理的な制約であり、現状では技術開発により対応できるものではありません。それゆえ、患部以外への照射がさけられません。そこで、外部からの照射では、できるだけ患部だけに高い線量を照射する方法、内部照射として、がん組織の周り、あるいはがん組織そのものに線源を持ちこむ方法としてカプセルに閉じ込めた線源を体内に埋め込む、あるいは、化学的にがんの組織に集中しやすい分子や原子について、その放射性同位元素を内服させるなどが開発されています。

粒子線、特に電荷を持った陽子線（プロトン、p あるいは H^+ と記述します）、重陽子線（デューテロン、d あるいは D^+ と記述します）、重粒子線（炭素イオンを利用することが多い）は、まさにエネルギー量子線として患部に集中して照射することができます。患部は体内にあり、エネルギー量子線は体外から照射しますので、エネルギー量子線が患部に到達するまでにそのエネルギーの一部を与えることはさけられません。しかし、第 4 章に記述しましたように、荷電粒子では、それが止まる直前に、その周りの分子や原子と衝突を繰り返して多量のエネルギーを付与するので、照射するエネルギー量子の最初のエネルギーをうまく選択すると、患部に集中してエネルギーを与えその部分の細胞を殺すことができるのです。

表7-3に示されているように中性子の照射を利用する、中性子捕獲療法が開発されています。中性子は電荷を持たず、特殊な元素を除くと、原子や電子と衝突する確率は大きくありません。この方法では、ホウ素が中性子と核反応しやすい性質を利用します。まず、がん組織に取り込まれやすいホウ素化合物を作成し、その化合物中のホウ素を ^{10}B としたものを服用または注入しておき、外部から照射された中性子が

$$^{10}B + n \rightarrow {}^{7}Li + {}^{4}He$$

の核反応を引き起こす際に放出される、高いエネルギーを持ったLiやHeが、がん細胞を死に至らしめることを期待した治療法です。

7-3　エネルギー源としての利用

エネルギー量子線は、当然ですがエネルギー源として利用できます。第3章3-3節で説明しました原子炉はまさに、核分裂により発生する様々なエネルギー量子線のエネルギーを熱に変換して電力を発生させているものです。

原子炉のような大型な施設でなくても、放射性物質の持つエネルギーを利用することができます。放射性物質は、化石燃料のように酸素を使って燃焼するのとは異なり、それ自身でエネルギーを放出し続けますので酸素を必要としません。放出されるエネルギー量子線のエネルギーをすべて熱に変換し、熱電変換素子を利用して電気に変えるものが、放射線電池として実用化されています。酸素が不要であるだけでなく、可動部分が一切ありませんので、メンテナンスが不用です。一例として ^{238}Pu を使った電池があります。^{238}Pu は半減期87.7年で α 崩壊します。その際の放出エネルギーを熱出力に換算しますと、540 W/kgとなります。その ^{238}Pu を利用した電池は火星や木星等の探査用の宇宙ロケットに搭載され、長時間飛行の電源として実際に使われています。α 線は、非常に短い距離でそのエネルギーを熱に変えてしまうことができますので、遮蔽も薄くてよく、超長寿命メンテナンスフリー電池として都合のよいものです。

電磁波である γ 線を太陽電池に照射しても、当然電気を発生させることができます。ただし、太陽電池は、γ 線照射による劣化が激しく、長時間の使用に耐えません。またエネルギー変換効率も低いので、実際には使われてはいません。β 線を使う放射線電池も実現されています。

図7-2には、まだ研究開発途上ですが、平行平板型放射線電池について説明してあります。この電池は γ 線を利用しており、その際、γ 線のエネルギーがどのようにして電気に変換されるかの原理は、エネルギー量子線の性質を理解する上でも有効だと思われます。第4章で示しましたように、エネルギー量子線を構成する量子が物質中に進入しますと、その中に存在する多数の電子との衝突によりエネルギーを与えます。1個の高いエネルギーの量子から、多数の低エネルギー電子が発生するのです。電子のエネルギーが数eV程度になるまで衝突を繰り返し二次、三次的に電子を発生

平行平板型放射線電池(放出電子数の差を電流に)

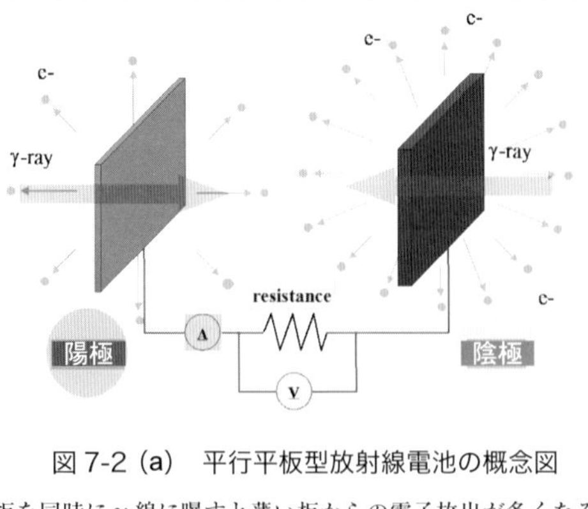

図 7-2 (a)　平行平板型放射線電池の概念図

同じ厚さの金属板を同時にγ線に曝すと薄い板からの電子放出が多くなる。
一方、同じ厚さで、原子番号の異なった金属板をγ線にさらすと、原子番号の大きい方からの電子の放出が多くなる。両者を負荷でつなぐと電流が流れ、電力を取り出すことができる

図 7-2 (b)　自己遮蔽型放射線電池の概念図

平行平板型電池を並列多数ならべるか、同心円状にまきこむことによって、γ線のエネルギー変換効率を高めると共にγ線の遮蔽ができる

させます（これを二次電子の発生と称します）。入射量子エネルギーが 1 MeV（ = 10^6 eV）であったとすると、10 eV のエネルギーを持った電子 10^5 個を発生させられる可能性があるのです。しかし、実際にはそんなにうまくはいきません。発生した低エネルギー電子のほとんどは、いったん電子を奪われてできたイオンと再結合し、熱を発生させます。これは放射線のエネルギーの減衰、すなわちエネルギー量子線の遮蔽原理そのものです。ところで、もし物質が電子の移動距離より薄いと、図 7-2(a)のように、発生した電子が、物質から抜け出ることができます。電子の発生は物質が重いほど（原子番号の大きい元素ほど、それのもつ電子数も多いので）発生する二次電子数が多く

なります。一方物質が厚いと二次電子は抜け出にくくなりますので、重い物質でできた薄板と、軽い物質でできた厚板を（あるいは同じ物質で厚さを変えただけでもよいですが）平行平板にして、γ 線を照射すると、両板間で放出される電子数に差があるので、両極板間に電位差が発生します。両極板間を負荷でつなぎますと、電力が得られます。放射線平行平板電池というわけです（図 7-2(b)の左図）。また図 7-2(b)の右図のように、中心に γ 線源をおくと、γ 線は透過力が高いので、何枚もの平板を配置させることができ、かつそれらは、γ 線を遮蔽してくれますので、自己遮蔽機能を持った γ 線電池ができるというわけです。

7-4　^{14}C 年代測定

上記以外にも、放射線（エネルギー量子線）はさまざまな分野において有効に活用されています。触れておきたいのは、考古学や美術品修復への利用です。透視によって肉眼では見えないものが発見できますので、修復作業に X 線や γ 線の利用が欠かせません。また、犯罪捜査においては、様々なエネルギー量子線が法科学技術の一部として分析分野で利用され、航空機内持ち込み手荷物や、爆発物・薬剤の放射化分析を含む極微量分析などの実務に役立てられています。

この節では特に、自然界に存在する炭素の放射性同位体である ^{14}C を利用した歴史上の遺物等の年代測定が行われていることについて述べておきます。というのは、空気中の炭酸ガス濃度の歴史的推移、あるいは過去の濃度はどの程度であったかは、最近の地球温暖化を論ずる上で極めて重要であるからです。

図 7-3 は、西暦 1000 年からの大気中の二酸化炭素ガス濃度の推移を示したものです。過去の大気中の二酸化炭素濃度はほぼ 280 ppm に保たれていたのに対し、最近は 400 ppm にまで上昇しており、これが、地球温暖化の原因とされています。第 2 章で述べましたように、大気中の二酸化炭素が、地球からの放射線（赤外線）を一旦吸収した後、より長い波長の赤外線を上下に放出しますので、結局吸収したエネルギーのかなりの部分が地表に戻ってしまい温暖化をもたらすと考えられているのです。

ところで 1,000 年以上も前の大気中の炭酸ガス濃度はどのように調べるのでしょうか？　第 3 章で記述しましたように大気中の窒素原子と宇宙線に含まれる中性子との衝突により、^{14}C が年間 7.5 kg 生成されています。一方生成された ^{14}C は、β 線を放出して 5,730 年の半減期で消滅していきます（^{14}N になります）ので、通常の水や空気中の炭素の安定同位体 ^{12}C と放射性同位元素 ^{14}C の濃度比は一定に保たれています。生物が生きている間は、周りの環境との間で二酸化炭素ガスのやりとりをしていますので、^{14}C の濃度は、環境中の ^{14}C の炭素濃度と同じになっていますが、死んでしまうと、炭素の入れ替えが起こらなくなり、^{14}C の濃度が減衰していきます。この現象を利用して、発掘された木簡や紙などに含まれている ^{14}C 濃度を測定すると、それらの原料として使われた木が伐採されてからどれだけの年代が経過したかが分かるのです。また、南極や高山では、氷の層が古くから溜まっています。氷の中には、空気の泡が閉じ込められていますので、この泡を採取し、その

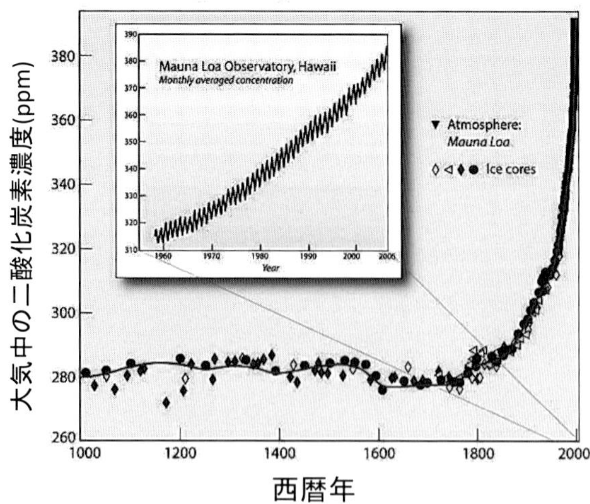

図 7-3　西暦 1000 年以降の大気中の二酸化炭素ガス濃度の推移

［出典］http://www.whoi.edu/oceanus/viewImage.do?id=34628&aid=17726 にて公開

中に含まれている二酸化炭素濃度を抽出測定すると共に、その ^{14}C 濃度を測定すると、泡が閉じ込められた年代と、その時代の空気中の二酸化炭素濃度が測定されます。このようにして得られたのが図 7-3 なのです。宇宙線による ^{14}C の生成がなければ、このような測定はあり得ません。

7-5　放射性同位元素のトレーサーとしての利用

前節の年代測定のための ^{14}C の利用は、それの放出するエネルギー量子線が、容易に検出できるから可能になったものです。動物や植物の代謝による物質移動、特定部位への濃縮や排出等を調べるのに、物質を構成する元素の放射性同位元素を利用して、その移動を調べる方法が開発されており、放射性同位元素のトレーサーとしての利用、あるいはトレーサー技術と言われています。

特によく利用されているのは、水素、炭素、リンの放射性同位元素であるトリチウム（^{3}H）、炭素-14（^{14}C）あるいはリン-32（^{32}P）です。これらを含む物質を投与し、それらが組織あるいは患部にどのように分布するようになるかを見ることにより、代謝の異常や病変が調べられます。放射性同位元素の検出のしやすさを利用して、物質の動きを調べるこの方法は、医療現場や、動植物の品種改良などでよく使われています。使用される放射性同位元素の量は極めて少量で済む上、^{3}H、^{14}C あるいは ^{32}P は物理的半減期が比較的短いだけでなく、生物学的半減期（体内で、代謝により排出される半減期：第 5 章表 5-1 参照）も短いので、安全面に配慮した利用となっています。

このためには第 6 章 6-3 節で示したエネルギー量子線源分布の可視化技術の進展が、大きな働きをしています。また放射性同位元素が放出するエネルギー量子線がエネルギーを持っている故に、可能になったのです。

第８章
エネルギーと地球の歴史

46億年といわれる地球の歴史の大半の時期は、大気には酸素がなく、太陽からのエネルギー量子線の影響もあって生物が住めるような状態ではありませんでした。もっとも、地球の誕生当初は、その温度が非常に高く、そもそも生物が住めるような環境ではありませんでしたが。

人類にはわずか100万年程度の歴史しかありません。さらに、人類が化石燃料を利用して多量のエネルギーを利用できるようになってから、わずかに2世紀しか経過していません。そして、そのエネルギー利用により発生した二酸化炭素が地球温暖化をもたらしていますが、これは、いわば二酸化炭素の祖先返りと言えるかもしれません。数億年前の石炭紀と言われる時代に、大気中の二酸化炭素が植物の光合成により還元されて有機物（炭水化物）に変えられて、化石燃料として地中保存されていました。これを人類が掘り返して燃焼させ二酸化炭素として大気に戻しているわけです。大量の化石燃料を燃やしてエネルギーを得るようになったのは、最近のわずか50年程度の出来事です。この章では、地球環境へのエネルギー入射と放出、その際のエネルギー変換を地球の歴史と照らし合わせながら考えてみます。

8-1　地球環境の変化

第1章図1-4に示しましたように、地球環境は、太陽からの入射エネルギーと地球からの放射エネルギーのバランスで保たれておりますが、1年や2年のアンバランスが直ちに、環境変化に直結することはありません。また人間による化石燃料の消費の結果としての廃熱も、大都市ではやや気温の上昇の原因となっていますが、地球全体の温暖化に直接つながっているわけではありません。しかしここ20〜30年間の平均気温の上昇は顕著で、二酸化炭素濃度の増加によるエネルギー吸放出のバランス変化によるとされているのです。

億年単位で、地球の歴史を振り返ってみますと、太陽からのエネルギー入射と、地球環境の変化が、緊密につながっていることがはっきりします。図8-1に億年単位での概略の地球の歴史を示してあります。あわせて、太陽からのエネルギー放射が徐々に増えていること、地表に降り注ぐ太陽からの紫外線が減少していること、空気中の二酸化炭素分圧が減少して酸素分圧が増加していること（窒素分圧はほとんど変化していません）、が示されています。地球誕生から10億年程度後、あるいは今から40億年程度前には、大気は窒素と二酸化炭素が主成分でした。地表は無機物でできており、無生物の時代でした。約35億年前に、生命（自己増殖できる有機物）が誕生したといわれて

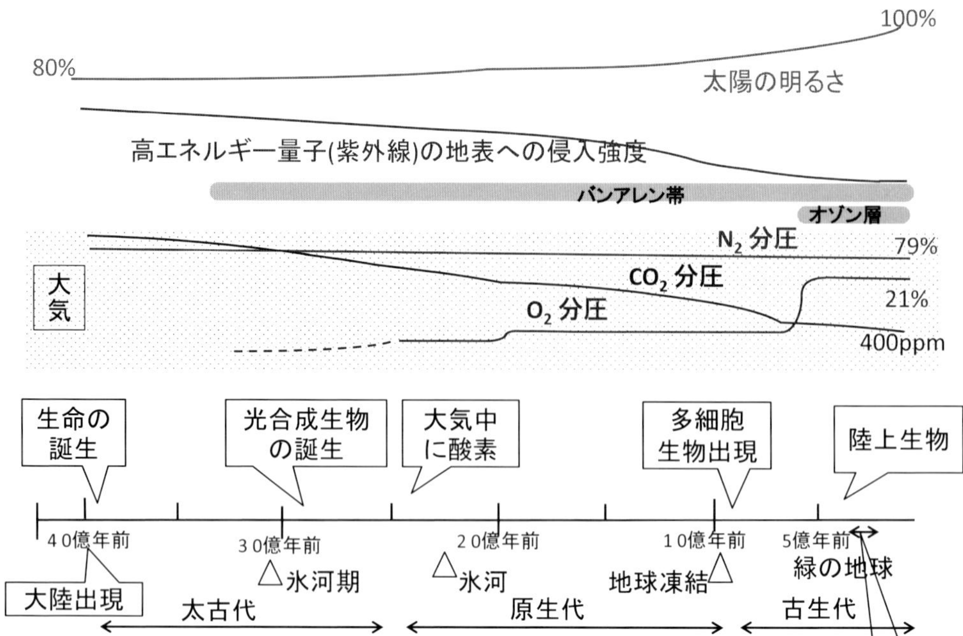

図 8-1　地球の歴史と大気の推移

います。水と二酸化炭素しかない環境で有機物（炭水化物）を合成するにはエネルギーが必要です。また、生物が生きる、あるいは増殖するためにもエネルギーが必要です。太陽からのエネルギーは十分あったでしょうが、一方では、太陽からの高いエネルギーの量子線（紫外線とそれよりも高いエネルギーのX線やγ線）が降り注いでおり、生命体にとって陸上は危険この上ないものであり、海水中でしか存在できませんでした。海水が生命体にとって危険な高エネルギー量子のエネルギーを吸収してくれたからです。それゆえ、太陽光ではなく、水中の熱中鉱床（水中火山）などからエネルギーを得ていた生物もいました（それらはもちろん現在も存在しています）。

無機物ばかりの中から、どのようにして有機物（生物）が出現するようになったかの詳細は不明ですが、25億年程前には、光合成、すなわち、水と二酸化炭素を反応させて炭水化物を作り出す藻類が発生しました。その当時は、紫外線はまだ強かったでしょうから、最初の光合成植物（藻類）は海中で繁栄しました。光合成により放出された酸素は水にはあまり溶けませんから、大気中の酸素濃度が増えていきました。空気中の酸素濃度が高くなるにつれ、高層でのオゾン層の生成などもあり、地表に到達する高エネルギー量子は減少し、生物は陸上に進出をはじめました。しかも、太陽から放出されているエネルギーそのものは、地球の誕生時に比べて20%も大きくなっているにもかかわらず、幸いなことに地表へ到達する紫外線は減少したのです。これにより地表は生物の生きやすいところとなり、生物の多様化が促進され、恐竜、ほ乳類等への高等化も進みました。現在のように、地球の大気により太陽からの危険な高エネルギー量子が遮蔽され、生命体にとって安全な環境となったのはわずか地球の歴史の約1/10、今から約5億年前からです。また、宇宙広しといえども類似の生物の住む惑星は見つかっていません。

第1章図1-4を見ていただきますと、太陽からのエネルギーのわずか0.23％ですが、植物が光合成を通してエネルギーを貯蔵していることが分かります。図8-1に示してありますが、これにより3.6億年前から2.9億年前の石炭紀のころに生い茂った陸上／海中の大きな植物が化石燃料となり、現在我々がその恩恵をこうむっているわけです。ですから化石燃料は古代の植物が蓄えた太陽エネルギーに他なりません。現代社会では、数億年間かけて貯蔵されたこのエネルギーの約百万年分をわずか1年間で消費しています。将来にわたって現在の化石燃料消費ペースが続くとしますと、化石燃料は数百年分しか残っていないことになります。

8-2　生命の発生と進化

ところで、生命の進化、多様化、あるいは高等化にエネルギー量子線の影響があったことは、否めない事実のようです。進化とは、道筋があってなされたものではなく、何らかの原因で突然変異したもののうち、環境に適合したものが生き延びていく過程でなされたものであることが明らかになりつつあります。問題は、何故、突然変異が出現するかです。エネルギー量子線による被曝は細胞の死をもたらしますが、それはあくまでも、RNAやDNAなど細胞を生かしておく機能が、エネルギー量子線の照射により引き起こされる何らかの化学反応の結果です。

化学反応の結果は、細胞の死に至ることもありますが、一方では細胞内の遺伝を司るDNAに変化をもたらすことがあり、いわゆる突然変異につながっていきます。最初の生命の誕生は、自己増殖可能な、なんらかの有機物の生成であったことでしょう。光合成ができる生命（藻類（植物））の誕生は、細胞内で二酸化炭素と水を反応させて炭水化物を作ることのできる細胞の誕生に他なりません。この光合成反応には、エネルギーが必要です。このために可視光を利用したのです。光合成を開始した初期の生物（植物）では、現在の可視光よりも高いエネルギーの光（紫外光）を使っていたかもしれません。そのころは、紫外線は今よりも強かったし、可視光より高いエネルギーの方が、還元反応には有利であるからです。還元により炭水化物を作りそれを蓄えている植物を食べて、それを燃焼させることによりエネルギーを得る生物（動物）が現れたのは、自然なことなのでしょう。またその死骸は化石燃料になったり、主として$CaCO_3$で構成されている石灰岩（生物の骨や貝殻などはカルシウムを主成分としています）となったりして残されているわけです。

ともあれ、地球の歴史では、いかなる生命体も太陽からのエネルギー量子線を受け続けているのです。太古の昔に比べ、現在では、太陽からのエネルギー放射は先に述べましたように20％程度増えてはいますが、地表で受けるエネルギーは大気のおかげで増えてはいません。しかも地上には、紫外線やそれより高いエネルギーの光はほとんど届いていません。それゆえ、高等生物がより生きやすくなっていると言えます。高等生物の神経の伝達は、非常に小さいエネルギーのやりとり（電気信号のやりとり）として行われており、紫外線や軟X線のようなやや高いエネルギーにより、それが乱されます。紫外線や軟X線は、化学反応に加えて何らかの影響を与えているのです。太陽フレアにより、地上の電磁波が乱されることはよく知られています。まさに巨大フレアが発生すれば、人体にとって危険なエネルギーを持ったエネルギー量子が地上に到達するのです。

好むと好まざるとにかかわらず、人類は、太陽からのエネルギー量子線によって支えられている一方で、変化も強いられているのです。放射線（エネルギー量子線）というと、高エネルギーの量子線のことだけだと思っておられる方が多いようですが、エネルギー量子線はエネルギーを運んでいますから、低いエネルギーの量子線でも、多量に被曝すれば影響は出ます。ただし、これまで述べてきましたように、その量子線のもつエネルギーの大きさによって、人体への影響の出方は大きく異なります。

人体被曝の後世代への影響については、誰もが憂慮していることです。人類で実験することはできませんので、確たることを申しあげることはできませんが、生命の進化の過程は、これに対する示唆を与えています。残念ながら、被曝により突然変異があり得ることは否定できません。しかし進化の過程や、昆虫や植物での実験と経験は、環境に適合しない突然変異固体は淘汰されてしまうことを示しています。人類も生物の一種ですから、長い歴史の中で、エネルギー量子線の被曝による影響を受けながら変位と淘汰が繰り返され、現在のホモサピエンスになったのかもしれません。有史以来、人類は、自然のエネルギー量子線に曝され続けていることで、ある程度の被曝に対する耐性あるいは回復能を獲得しており、これを持続するには、ある程度の線量のエネルギー量子線に曝され続ける必要があるのかもしれません。しかし一方では、現実に被曝してその影響が顕在化した方がいらっしゃいますので、この議論は、個々の例、あるいは数世代での変化にあてはめることは適当ではありません。

有機金属や農薬あるいは殺虫剤等により発生する公害や薬害、特に遺伝子に影響する疾病もよく知られているところです。細胞の内部に取り込まれた薬剤などの化学物質が、細胞を殺したり、DNAやRNAとの間で何らかの化学反応を引き起こし、それらに変化をもたらしたりするのです。薬剤が、細胞をがん化あるいは死に至らしめたり、突然変異をもたらすことと、放射線が細胞内でエネルギー変換して化学反応により同じような結果をもたらすことは、反応に関わる分子種は異なりますが、いずれも生物化学反応なのです。

第９章

おわりに —エネルギー利用と放射線—

放射線を「怖がる」状態から「恐がる」状態に変わっていただけましたでしょうか？

太陽で核融合反応により発生したエネルギーを、太陽と地球の系が、人類には危険を及ばさないようにエネルギー選別あるいはエネルギー変換してくれているからこそ、地球上のあらゆる「生きとし生けるもの」が生かされているのです。どのようなエネルギー源であろうと、それを利用する際には、少なからず危険が伴うことは避けられませんし、エネルギーは最終的には熱に変換されてしまいます。エネルギー量子線（放射線）とて例外ではなく、それを「怖がる」のではなく、そのエネルギー変換過程を理解した上で、危険性を制御しつつ利用するようになっていただきたいと念じています。

9-1　エネルギーの源

第８章でも述べましたが、太陽からのエネルギー量子線は我々のエネルギーの源です。幸いなことに、太陽と地球の両方が、人類または生き物にとって危険な高いエネルギーの量子線を遮ってくれた上で、生活していくに十分なエネルギーを届けてくれているのです。放射線とはエネルギーを運ぶものであることを理解し、人間との間でのエネルギーのやりとりのメカニズムにもとづけば、ある程度制御できます。とはいえ、任意に曲げたり止めたりはできませんので、「恐い」放射線から逃げるには、文字通り遠くに逃げるか、届かないようにする（遮蔽する）しかありません。このとき、避けるべき放射線量を、必要以上に低く設定する必要はありません。地球上の生きとし生けるものは、太古の時代から大なり小なり、放射線に曝されており、ある程度の損傷を受けても回復させる能力を授かっています。また、植物を育てる際に、ある程度過酷な環境におくと、それに対応する隠れた能力が発揮されることがしばしば見られます。そのような観点からは、放射線ホルミシスは当然のことかもしれません。過信は禁物ですが、自然界から受けている放射線量の10倍程度の被曝は全く気にする必要がないと思われます。

とはいえ、絶対に影響がないとも言えません。自然界のどこかで、誰かに予想もしなかった出来事が、絶えず出現しています。その中には放射線が原因のものがあるかもしれません。もちろんそれ以外のものが原因である場合の方が多いと思われます。たとえば地震や台風はまさに、局地的な地球からのエネルギーの放出です。またウイルスや細菌による致死性の病気の発病率は決してゼロにはできません。正しく「恐がって」正しい「対処」をするしかありません。

エネルギー利用には必ず危険が伴います。利用するエネルギーが多量であればあるほど、事故時の影響は大きくなります。東日本大震災は、地球からの莫大なエネルギーの放出です。福島原発事故も、原子炉内に残された非常に大きなエネルギーの放出でした。撒き散らされた放射性物質には未だにエネルギーが残されており、現在もそれからのエネルギー放出が続いています。

放射性物質のもつ放射能が高いときは、エネルギー源として使えますし、実際に使っています。しかし、放射性物質の放射能が低いときには、今のところ、そのエネルギーを有効に使う手立てがありません。危険なエネルギーから危険でないエネルギーへの変換は可能ですが、放射能が低いとき（線源の持っているエネルギーが少ないとき）には、エネルギー変換を行う際に要するエネルギーは、変換で得られるエネルギーではまかなえません。皮肉なことですが十分な強度の「恐い放射線」があってこそ、それを安全に制御しながら、人間にとって有用、かつ「恐くない」エネルギーに変換して利用できるようになるのです。

このような観点からは、福島原発事故を受けた最近の脱原発の流れは、心情的にはやむを得ないとは思いますが、地球的視点から長い目で見たときには、やや近視眼的に過ぎるのではと懸念されます。筆者の住む被害のなかった九州の地にて勝手な言い分かも知れませんが、原子力開発にわずかながらも関わってきた一研究者として、歴史的あるいは長期的観点から（と信じて）、以下日本のエネルギー確保について意見を披瀝いたします。

9-2　ただで使えるエネルギーはない

再生可能エネルギーを利用することは好ましいことでありさらに利用を促進すべきことであるには違いありませんが、そのインフラ整備のためにどれだけのエネルギーを要するか、またそのために誰がどれだけのリスクあるいは負担を負うのかが、無視されてしまってはいないでしょうか？

今までのエネルギー開発にも同じ疑問をぶつけるべきであることは論を待ちません。ほとんどの国では、その国の経済活動はエネルギー使用量に比例していると言っても過言ではありません。また、極論のようですが、物価はそれを生産するのに使用されたエネルギーに比例していると言っても差し支えありません。「コストが高い」ということは、ある意味でそれにどれだけのエネルギーが使われたかの指標です。人件費が高いということは、その人がそれに見合うだけのエネルギーを動かせる（人を動かすこともこれに入ります）ということです。

太陽電池の発電コストが高いことは、太陽電池そのものの製造コストだけでなく、送電のためのインフラ整備と保守および送電網への接続等のコストが高い上に、設備利用率が低い（夜間は稼働しません）ことによるものです。現状では、これから原子力に代えて導入しようとしている自然エネルギーのコストは明らかに高いです。判断が難しいのは、コストが高ければ使ってはいけないのかという疑問にどう答えるかです。技術開発が進めばコストが下がるはずだから、あるいは沢山利用するか大量生産すればコストが下がるはずだからという論理が、往々にしてまかり通りますが、これは推進側の論理であり、それを受け入れるかどうかには別の判断規準が必要になります。

利用できるエネルギーがどこから得られるものであるかを問わなければ、安い方が良いことは論を待ちません。現在では、化石燃料の中では石炭が最も安いです。しかし、安いからといってどんどんその使用量を増やしていけば、環境問題、地球温暖化の問題に直面することになります。環境問題を配慮すれば、エネルギー使用量を減らすに越したことはありません。しかし、福島原発事故直後の電力使用制限が経済活動の停滞をもたらしたことからも明らかなように、使用エネルギー量を減らすことは、経済活動、ひいては国の活力を下げることに直結します。

日本のような先進国では、コストに占める人件費の割合が極めて高くなっています。しかし、あらたな生産、例えば太陽電池の生産がはじまれば、かならずそこには雇用の促進があり、間違いなくGNPが増加します。もちろんコスト以外の要因が働けば、例えば原子力はやめるということが国策になれば、自然エネルギーが高コストであってもそれを利用せざるを得ないことになります。菅元首相の肝いりで成立させた再生エネルギー法案により、電力会社に固定価格で自然エネルギーの買い取りを義務づけて、買い取りで生じたコストを電気料金に上乗せし、広く利用者で負担しています。これにより再生可能エネルギーの利用を促進し、コストダウンをはかり、さらにその利用を促進し、原子力あるいは化石燃料の使用を抑えようというわけです。まさに規制緩和に逆行しますがそれを「政策」として実行しようと国が決めたわけです。ここではコストよりも政策が優先されました。しかし、昨今この負担は無視できないようになり、電力会社が、太陽電池のさらなる利用に積極的でないのが現実です。誰がコストを負うのかは、国としての問題でもあります。

9-3　化石燃料ももとはといえば太陽エネルギー

第８章で述べましたように、化石燃料は、いわば太古の地球で蓄えられた太陽エネルギーが形を変えて（簡単に言ってしまえば、CO_2やH_2Oを還元して石炭（C）や石油（C-H）の形で地中に）貯蔵されてきたものです。我々現代人は、この太古の地球で蓄えられていた太陽エネルギーの約百万年分を１年程度で使ってしまっています。このままの調子で化石エネルギーを使い続ければ、地球誕生より数十億年にわたって地中に蓄えられてきた太陽エネルギーを、わずか数百年で使い尽くしてしまうことになります。化石燃料をエネルギー源として利用（燃焼）していくことは、現在の地球を、CO_2の多い大気に覆われていた太古の地球に戻していくことに他なりません。もちろんCO_2を回収貯蔵できれば大気の温暖化は防げるでしょうが、回収貯蔵にはさらにエネルギーが必要になります。

今般、自然エネルギーと言われているエネルギーは、その年の太陽エネルギーをその年に使うものとみなすことができるので、太陽と地球の関係が現状の通りであり続けるならば（現在までに、太陽ではそのエネルギー源となっている水素の約1/3が燃焼してしまっていますが、まだ2/3は残っていますので、あと数十億年は大丈夫でしょう）、太陽エネルギーが枯渇する心配はありません。しかし、太陽電池のような直接的なエネルギー変換ではその効率は高くても20%程度です。バイオマス、言い換えれば光合成によるCO_2の還元は、希望を持たせてくれますが、エネルギー変換効率はあまり大きくはありません。しかし食料の確保には必須です。これをエネルギー源として使うかどうかは議論が分かれるところです。エネルギー使用の観点からは、基本的には同じことで、人間が食物エネルギーとして直接摂取して使用するか、外部でエネルギーとして利用するかの違いです。

そもそも太陽エネルギーは、水素を燃料とした核融合によって発生したエネルギーであることを忘れてはなりません。核融合で発生するエネルギーは、原子力（核分裂）で発生するエネルギーと同様、最初はすべて本書で論じてきたエネルギー量子線です。原子炉内の水や圧力容器、格納容器等による遮蔽と同じように、太陽の内部および大気による遮蔽のおかげで、我々にとって極めて危険な高いエネルギーを持つエネルギー量子線は、地球に届いていないのです。また地球内部でも放射性同位元素による崩壊熱が地球の冷却速度を抑えてくれる一方、地殻が生物にとって危険な地球内部からのエネルギー量子線の地表への放出を防いでくれています。まさに僥倖としか言いようのない地球と太陽との位置関係および、地球という宇宙には２つとない環境であるが故に、生物あるいは人類が存在できているのです。

大気のない月では、太陽からの単位面積あたりのエネルギー供給は地球へのそれとほぼ同じであっても、人類がそこに住むためには酸素の供給を行うと同時に、降り注ぐ宇宙線による照射を避けるために、宇宙服を着用しなければなりません。繰り返しになりますが、現在の太陽系における地球が置かれた状態は、核エネルギーを生物がいかにうまく利用して生きていくかを具現したシステムそのものです。まさに、はからずも、生命にとって危険なエネルギー量子線が、自然の力で地球表面には届かないようなシステムになっているのです。否、このようなシステム（自然環境）ではじめて、生物が生きていけるのです。

人類が今後長きにわたって地球上でその繁栄を続けていくためには、宇宙のエネルギー源である核エネルギーを手なずけたエネルギー変換システム、すなわち原子炉、核融合炉、あるいはそれに変わるあらたな核エネルギー利用システムを作り上げていくしかないのです。もちろん、過去に蓄積された太陽エネルギー、制御された核エネルギーを使わずに、現在の太陽から恵まれたエネルギーだけで、そのとき、そのときを暮らしていくという選択肢はあり得ます。これを、日本では化石燃料等を一切輸入しないという選択肢と見なせば、人口が今の1/5程度であった江戸時代の暮らしに戻るという選択となります。もちろん太陽電池や、光合成のエネルギー変換効率を上げることで、もう少し大きなエネルギーが得られ、それによりまかなえる人口を増やせるでしょうが、せいぜい２倍、すなわち、現在の半分程度でしょう。

１人当たりのエネルギー使用量または１人当たりの国民総生産量が日本の1/10程度の国々は、例外なく、皆同じような生活水準、すなわち日本の数十年前の生活水準にあります。しかし、エネルギーを湯水のように使っている現在の生活になれてしまった日本人が、200年以上前の暮らしに戻れるとは思われません。

9-4　エネルギー利用に伴うリスク

エネルギーを利用するには、必ずリスクが付随します。再生可能エネルギー関連で言えば、日光の照射により、日焼けからひいては皮膚がんの発生に至ることがありますし、ダムが決壊すれば多数の犠牲者が出ます。自動車に乗れば事故の発生率はかなり高く、犠牲者も出ます。東日本大震災は、地球に蓄えられていたエネルギーが機械エネルギーとして放出されたもので、エネルギー生産[注)]によるリスクが最悪の形で具現したものです。台風も同様です。我々が日頃身近で利用しているエネルギー利用に限れば、利用者はその利用に伴うリスクを受け入れて、それを受け入れるためのコスト（代償）を保険システムで償うようにしています。化石エネルギー、原子力エネルギーを問わず、エネルギー生産・利用に伴うリスクは、遺憾ながら、あたかもゼロであるかのごとく喧伝されており（安全神話）、過疎地に、確かな情報を知らせないまま、都会の大量のエネルギー使用をまかなうために、ある程度の経済支援のもとで大規模エネルギー源の設置を受け入れさせてきたのです。福島原発の事故により、誰がどれだけのコストを払うことになるかは未だ不透明です。

誤解を恐れずに言えば、単位エネルギー出力あたりの死亡者数という統計を見ると、エネルギー密度が高いエネルギー源であればあるほど、それを利用する際の死亡者数は少なくなっています。これは交通手段を考えたときに、より沢山のエネルギーを使って人を運んでいるものほど（バイク→乗用車→バス→鉄道→飛行機）事故率が減っていることに類似しています（もちろん大量のエネルギーを使う設備であればあるほど事故による影響が大きくなることが分かっているので、その安全により注意（コスト）を払っています）。また、健康で文化的な生活を保つにはエネルギーが必要です。エネルギーを利用するためには、そのコストを、直接的にお金として払うのに加えて、ある程度のリスクが伴っていることが受け入れられなければなりません。

大都会で住んでいる人々に今必要なエネルギーを、その周辺だけからの再生可能エネルギーでまかなうことは不可能であり、どこかでエネルギー生産（変換）をして、都会に導入するしかありません。これはまさに現在のエネルギー利用の姿そのもので、エネルギー生産に伴うリスクは大都会の人々は負っていません。このことは都会人が自然エネルギーの利用を喧伝する際に、心していただきたいと思います。風車、メガソーラ、地熱、海洋等々どこに発電所を設置できるのでしょうか？

当たりまえのことですがエネルギー生産に伴うリスクは受益者（エネルギー利用者）が負担すべきです。これを具現することは、都会にエネルギー源を作ることに他なりません。大都会に高密度エネルギー源を作れば、そのエネルギー利用に伴うリスクは受益者が負担することになるのは自明です。これが長期的にみた正しいエネルギー利用の姿でしょう。鉄腕アトムは、残念ながら核エネルギーでは実現できないかもしれませんが、エネルギー利用の理想の姿であり、アトムだけでなくそこにでてくる町全体のエネルギーが町中にあるエネルギー源で賄われています。宇宙基地もそういった形にならざるを得ないと思われます。「都会に、その人口が消費するエネルギーに見合った非化石燃料型の大規模エネルギー源を作る」、これが長期的視野にたった正論（理想）です。そのエネルギー源は？と問われれば、現状では核エネルギー（核分裂（原子力）、核融合）しかありません。

都会に安全な核エネルギー源を建設する、これが100年を超えるような長期のエネルギー戦略となるべきでしょう。もちろん、それなら、その安全な核エネルギー源を過疎地に作れば良いではないかということになります。その通りです。しかしリスクはゼロではありません。どのようなエネルギー源をどこに作るにしろ、受益者がそのリスクを負うことを明確にしておく必要があります。都会から無責任に、他人事のように風評を垂れ流すなどもっての他です。

注）エネルギー生産について

「エネルギー生産」という言葉は、極めて誤解を招きやすい表現です。自然にはエネルギー保存則という犯しがたい法則があります。我々がエネルギー生産と言っているのは、エネルギーの大きさとエネルギー密度を、我々が使いやすいものに変換することです。変換されたエネルギーを使うと、その結果は廃熱として放出されます。最初のエネルギーは、仕事として利用されたものを除くとすべて廃熱エネルギーになります。

太陽系で見ると、水素の核融合により質量からエネルギーに変換（核エネルギー）されます。核融合で発生するこの最初のエネルギーは、恐い放射線そのものですが、太陽の中でその大部分は熱に変換されるため、太陽は表面温度約5,750 ℃の恒星になります。この表面温度5,750 ℃の恒星から放出されているのが太陽光で、その波長の短い順に、X線、軟X線、紫外線、可視光、赤外線として地球に届いています。このうち生命体にとって危険なエネルギー量子であるX線や軟X線は、オゾン生成等、大気によりそのエネルギーが吸収され、地上に届きません。このため、地表は生命体にとって楽園なのです。植物は、紫外線や可視光のエネルギーを受け取って光合成によりCO_2を還元して炭水化物を作っているのです。このようにして植物が蓄えた太陽エネルギーを人間が利用すれば、食物エネルギー、バイオエネルギーになるわけです。利用したエネルギーは廃熱となって電磁波（赤外光）として宇宙に放出されます。太陽からの入熱と地球からの放熱がバランスしていないと地球温暖化または寒冷化になるわけです。

付録　放射線についてのＱ＆Ａ

本文で詳しく説明しておりますが、以下にQ&Aとしてまとめにかえます。

問１：放射能ってなんですか？

問２：放射線ってなんですか？

問３：放射（Radiation）とはどういう意味ですか？

問４：放射線源とはなんですか？

問５：光と放射線（エネルギー量子線）は同じものなのですか？　光も放射線なのですか？

問６：エネルギーを運ぶ粒子とはなんですか？

問７：放射線（エネルギー量子線）の種類とそれぞれの違いは？

問８：放射線（エネルギー量子線）はどのように動くのですか？

問９：放射線（エネルギー量子線）に被曝するとはどういうことですか？

問10：放射線（エネルギー量子線）に関連する単位である計数率（cps, cpm)、ベクレル（Bq 放射線強度)、グレイ（Gy 吸収線量）およびシーベルト（Sv 吸収線量当量）それぞれの意味と違いは？

問11：20ミリシーベルト（mSv）の被曝は危険なのですか？

問12：被曝した物質や生物体は放射能を持つようになるのですか？

問13：放射線（エネルギー量子線）に被曝すると光るのですか？

問14：内部被曝、外部被曝とはなんですか？　どう違うのですか？

問15：体に入り込んだ放射性物質はどうなるのですか？

問１：放射能ってなんですか？

回答１：文字通り放射線を放出する能力という意味ですが、放射線を放出する物質のことを放射能と呼んでいることが多いです。その場合放射能を持った物質ということで放射性物質というのが正しい表現です。また放射能という言葉が、放射線という言葉の代わりに使われている場合も多いようです。詳しくは、放射能の強さとして問 10への回答に示していますように、放射能を持った物質がどの程度の放射線を放出しているかを示すベクレル（Bq）という単位で比較しています。（第 1 章 1-2 節）

問２：放射線ってなんですか？

回答２：大きいまたは高いエネルギーを持って動く原子サイズ以下の粒子または光のことです。それの持つエネルギーの大きさが、私たちの身の周りにある物質あるいは私たち自身を構成している粒子（原子や電子です）1 個 1 個が持っているエネルギー（meV 程度以下）より 4 桁程度以上大きいエネルギー（keV 以上）を持っている場合に、放射線と呼びます。ですから、この本では、放射線とはいわず、エネルギー量子線と記述しています。

エネルギー量子線（放射線）は 1 個 1 個数えられるものです。1 秒間に 1 個の放射線を出す能力をもった物質（放射性物質）を 1 ベクレル（Bq）（問 10 の回答参照）の放射能を持った物質と言います。（第 1 章 1-2 節）

問３：放射（Radiation）とはどういう意味ですか？

回答３：あらゆる物体は、絶対零度でない限り、その温度に応じてエネルギーを光（電磁波）として放出しています。これを放射（Radiation）といいます。理想的な放射を黒体放射といい、放射される光の波長は温度が高いほど、短くなります。これを利用すると、物体の温度を直接触れることなく、計測することができます。サーモグラフィーといわれる人間の体表温度を測る装置は、人間が放出する光（赤外線領域の光です）を測定しているのです。また空気が乾燥している冬場の夜間に地表の温度が「放射冷却」により空気温度より著しく下がってしまうのは、地表からの赤外線の放射により、エネルギーが放出されるためです。

第 3 章図 3-6 には太陽から放出され地球に届く光の波長分布を示してあります。光の強度が最も高いのは、約 0.5 μm（500 nm）付近の波長を持った光で、このことから、太陽の表面温度が 5,750℃程度であることがわかります。（第 1 章 1-3 節、第 3 章）

宇宙のはるか彼方、何億光年もの遠方にある星から地球に届く電磁波の波長分布を調べて、星の状態、表面温度や、内部の温度、何でできているか等を調べることができます。（参照：http://ja.wikipedia.org/wiki/ 電波天文学）

問４：放射線源とはなんですか？

回答４：放射の定義からいうと、あらゆる物体は電磁波を放射していますので、放射線源となります。太陽も、もちろん放射線源です。太陽を含め、自らエネルギーを放出している恒星は、核反応によりエネルギーを放出し続けていますが、この放出されるエネルギーが大きいので、放出されているエネルギー量子線（放射線）の波長は、問５に対する回答５に掲載してある図には見られない、0.2 μmより短い波長の光（電磁波）となっています。宇宙線は、このような恒星から放出される、あるいは星の爆発等より生じる、様々なエネルギー量子線で構成されています。通常放射線源と言う場合は、X線よりエネルギーの大きいエネルギー（放射）線（数keV）を放出するものを言います。それ故この本では、放射線のことをエネルギー量子線と呼んでいます。（第２章）

問５：光と放射線（エネルギー量子線）は同じものなのですか？　光も放射線なのですか？

回答５：そうです。エネルギー量子線（放射線）は、粒子としてエネルギーを運んでいるものと、光（電磁波）としてエネルギーを運んでいるもののどちらかです。電磁波が運ぶエネルギー(ε)は、波長(λ)に反比例、または周波数(ν)に比例し、$\varepsilon = ch/\lambda = h\nu$で与えられます。$c$は光の速度です。比例係数$h$はプランクの定数といいます。各種の電磁波をそれの持つエネルギーの順に並べたのが第１章表1-1です。わかりやすくするために下図として再掲します。無線やラジオ、テレビ等で使われているものは電波と呼ばれ、それぞれ異なった波長の電磁波を使っていますが、いずれも物理的には電磁波で、極めて小さいですがエネルギーを運んでいます。さらに波長を短くしていくと、電子レンジや電磁調理器に使っている、マイクロ波といわれる電磁波になります。波長に応じて、メートル(m)波、ミリ（mm）波、マイクロ（μm）波と、それぞれ３桁ずつ区別しています。いわゆる赤外線は1 μm程度の波長領域の光です。0.7 μmから0.2 μm程度の波長領域が可視光になります。0.2 μm（200 nm）以下は目に見えない紫外線、さらにnmより短い波長の電磁波がいわゆる放射線（エネルギー量子線）と言われるものになります。エネルギー量子線もそのエネルギーに応じて比較的エネルギーの低いX線とγ線とを区別しています。

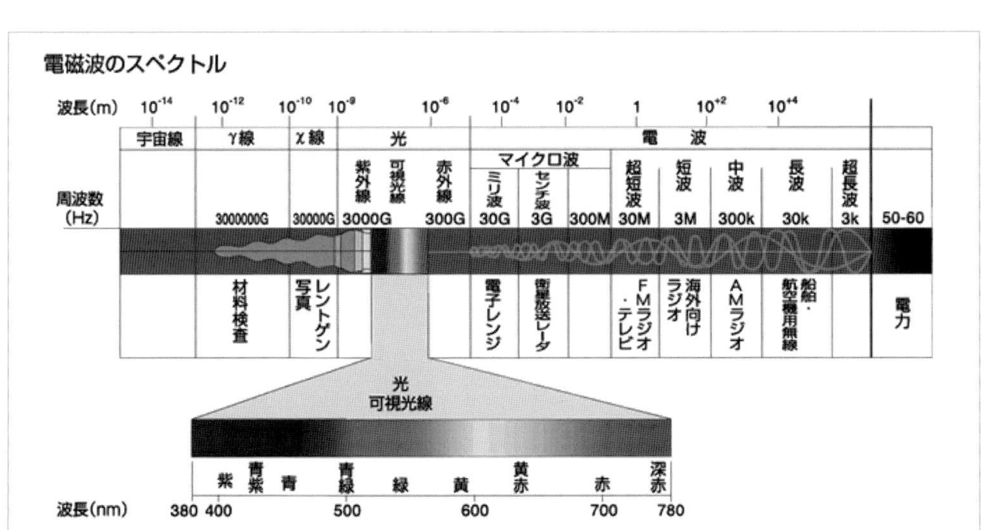

図A5　各種電磁波の波長とエネルギー（http://www.sugatsune.co.jp/technology/illumi-l.php による）（口絵５参照）

エネルギーを運ぶ粒子については問６をご参照ください。非常に高いエネルギーになりますと、光は粒子のごとく、粒子は光のごとく振る舞うので、量子とよばれます。したがって、放射線はエネルギー量子線というのが理にかなっています。（第１章1-2節、第２章2-1節）

問６：エネルギーを運ぶ粒子とはなんですか？

回答６：質量m、速度vで運動している持つ粒子は運動エネルギー$\varepsilon = \frac{1}{2}mv^2$を運んでいます。何かに衝突すれば、その運動エネルギーの一部または全部を相手に付与する、あるいは逆に衝突した相手からエネルギーを付与され（吸収し）ます。通常エネルギー量子線と呼ばれる粒子の持つエネルギーは、我々の身の周りの物質や我々自身を構成する原子が持っている運動エネルギーよりはるかに大きいので、エネルギー（放射）線に曝されるとエネルギーが付与されます。これが被曝と呼ばれる現象です。（第１章1-2節、第２章2-1節）（問９参照）

問７：放射線（エネルギー量子線）の種類とそれぞれの違いは？

回答７：放射線（エネルギー量子線）には、粒子としてエネルギーを運ぶα線、β線および中性子、光としてエネルギーを運ぶγ線およびX線とに分けることができます。本文中、第１章図1-8にそれぞれが物質に入ったときにどのようにエネルギーを与えるかを示しています。α線は皮膚程度の厚さでそのエネルギーを全部付与して、止まってしまいます。β線でも数10 μmの厚さで止まってしまいますので、α線やβ線が体外から放射線として人体に入射しても、あまり大きな影響は出ません。放射線が強いと、やけどになります。体の内部に入ると、内部被曝となり（問14参照）危険です。一方γ線は透過能が高いので、手に進入しても、突き抜けてしまいます。もちろん突き抜ける間にエネルギーを付与しますので、被曝になるわけです。通常、放射線被曝として問題にされるのはこのγ線による被曝です。（第３章）

問８：放射線（エネルギー量子線）はどのように動くのですか？

回答８：放射線（エネルギー量子線）は、物質を構成する粒子（原子または電子）に衝突するまでは、まっすぐ走ります。衝突とはエネルギーの受け渡しのことで、エネルギー量子の場合は、量子がエネルギーを付与するたびにその軌跡が変わります（通常、付与するエネルギーが大きければ大きいほど軌跡の変化は大きいです）。エネルギー量子は水や空気とは異なり、それが進んでいる方向に対して衝突しますが、回り込んで後ろから物質に衝突してくるようなことはありません。特にγ線の場合はだんだん広がっていきますが、ほぼまっすぐ進むと考えてさしつかえありません。（第２章）

問９：放射線（エネルギー量子線）に被曝するとはどういうことですか？

回答９：飛来したエネルギー量子が人体に飛び込んで、それの持っていたエネルギーを、人体を構成する分子、原子、電子に与える（エネルギー吸収またはエネルギー付与といいます）ことです。与えられたエネルギーはグレイ（Gray、記号Gy）という単位で取り扱われます。1 Gyとは、1 kg

当たり1 Joule（1ジュール = 0.24カロリー）のエネルギーが付与または吸収されたことを意味します。（第2章）

問10：放射線（エネルギー量子線）に関連する単位、計数率（cps, cpm)、ベクレル（Bq放射線強度)、グレイ（Gy吸収線量）およびシーベルト（Sv吸収線量当量）それぞれの意味と違いは？

回答10：

ベクレル：(Becquerel、記号：Bq）とは通常エネルギー（放射）線源の強さを示すときに使う単位で1 s（秒）間に1つのエネルギー量子を放出する物質は1 Bqの放射能を持っているといいます。

グレイ：(Gray、記号Gy）とはエネルギー（放射）線が物質に入射したときに、物質に吸収される（付与される）エネルギーを示す単位です。吸収線量と呼ばれています。1 Gyとは1 kg当たり1 Joule（1ジュール = 0.24カロリー）のエネルギーが付与または吸収されたことを意味します。

シーベルト：(Sievert、記号：Sv）とは吸収線量当量と呼ばれているもので、放射線の種類によって物質へのエネルギーの与え方が異なりますので、吸収線量Gyをγ線によるエネルギー吸収線量と等価になるように換算したものです。γ線による被曝の場合は1 Gy = 1 Svとなります。報道等では通常、μSv（= 10^{-6} Sv）が使われていますが、これは、実際には単位時間当たりの吸収線量率（μSv/hour）です。エネルギー（放射）線に曝された時間を乗じて、積算線量が20 mSv以下（問11参照）になるように規制されているのです。

ベクレルとシーベルトの換算：エネルギー量子（放射線）1個あたりどれだけのエネルギーを付与するかはわかりますので、エネルギー量子線の種類とそれの持つエネルギーが特定できれば、BqをSvに換算することは可能です。経口摂取されたヨウ素131を例にとってみますと、実効線量係数という値が2.2 × 10^{-8} Sv/Bqと定められておりますので、Bqにこの値を乗じて、吸収線量当量Svが計算できます。（第2章2-5節）

問11：20ミリシーベルト（mSv）の被曝は危険なのですか？

回答11：この質問が「1人の人が20 mSvの被曝を受けたとき、発がんしますか」と問われれば、「わかりません」と言う他はありません。また「どれくらい危険か」と問われれば「何と比べて危険か」の比較にならざるを得ません。20 mSvの被曝で肺がんになる確率は、常時喫煙者が罹がんする確率に比べればはるかに低いと言えます。しかし、20 mSvを被曝した場合、被曝しなかった人に比べ、甲状腺がんになる確率は高くなるとは思われますが、全く被曝しなかった場合と比べてどれだけ高くなるかを数字で示すことはほぼ不可能です。人間は、自然に存在する放射線のため、1人当たり年間平均2.4 mSvを被曝するとされています。この影響は全く不明です。また人間には治癒力が備わっており、その力は、個人個人、またその生活スタイルによって大きく異なります。20 mSvの被曝とは、個人個人に影響が出るレベルではなく、何千人に1人とか2人に影響が出る確率でしか評価できないのです。何千人に1人か2人の影響をしらべるためには、何万、何百万人が20msV程度の被曝を受けた場合の影響を調べねばなりませんが、それだけ多人数の調査はできていません。

第２次世界大戦後、大国の大気圏内核実験により放射性物質が撒き散らされ、その当時の放射線レベルは、現在のレベルより 10〜100 倍程度高かったと思われますが、その影響は不明です。平均寿命の伸びにともなうがん発症率の増加が顕著で、それに比べると核実験で撒き散らされた放射性物質の影響は検知できない程度になっているものと思われます（影響がなかったといえるわけではありません）。また日頃の生活スタイルが大きく影響しますので、20 msV の被曝の安全性を強調される方は、ストレス等による発がんや、農薬等の影響の方がはるかに大きいと主張されますし、危険を強調される方は、（確率ではなく）絶対数で何人が被曝により発がんしているとおっしゃるかもしれません。

もちろん被曝はできるだけ低いに越したことはないのは論を待ちません。過去の被曝歴を消し去ることはできませんので、ご自身の被曝レベルでは、健康には影響が出ないと信じて、心身共に健康な生活を送るようこころがけていただく他はありません。（第２章、第４章）

問 12：被曝した物質や生物体は放射能を持つようになるのですか？

回答 12：いいえ。放射能に曝された物体は放射能を持つようになると誤解されている方が、時々いらっしゃいますが、それは全くの誤解です。そもそも放射能で汚されると考えること自体が誤った考え方です。（第２章 2-6 節）

問 13：放射線（エネルギー量子線）に被曝すると光るのですか？

回答 13：答えは、「はい」「いいえ」の両方です。蛍光あるいは燐光物質が、非常口や非常口への通路の表示などに使われていますし、夜光塗料として使われていますが、これらは紫外線あるいは青い光（波長の短い可視光）の照射を受けると可視光を放出する物質のことです。これらの物質は放射線の照射によっても、当然光を放出します。医療現場で X 線を使用する際に、X 線の放出の有無の判定にも使われています。

蛍光物質に限らず、あらゆる物質はその温度に応じて、波長の異なる電磁波（放射線）を放出しています。放射線は物質にエネルギーを与えますから、何らかの形で、物質から電磁波が放出されます。目に見える波長の電磁波であれば、光となりますので、質問の答えは「はい」ですが、波長が長く目に見えない場合は「いいえ」です。蛍光として放出される光は、人体に影響を与えるものではありません。（第１章 1-3 節）

問 14：内部被曝、外部被曝とはなんですか？　どう違うのですか？

回答 14：エネルギー（放射）線源が体外にあり、この線源からのエネルギー量子線に曝されることを、外部被曝といいます。一方、線源（放射性同位元素がほとんどです）が体内に経口摂取等により取り込まれ、体内の臓器／器官に滞留すると、そこからエネルギー量子線が放出され、体内の臓器／器官が直接被曝します。これを内部被曝といいます。ヨウ素（I）は甲状腺に取り込まれやすいので、放射性同位元素 ^{131}I が甲状腺に取り込まれて、内部被曝により甲状腺がんが発症するのは、特に小児の放射線影響で最も懸念されていることのひとつです。（第４章 4-1 節）

問 15：体に入り込んだ放射性物質はどうなるのですか？

回答 15：基本的には、食べ物の中に含まれているものと同じで、代謝によって排泄されます。半分にまで減少する時間を生物学的半減期といいます。第 5 章表 5-1 に主な放射性同位元素の生物学的半減期をまとめてあります。ヨウ素-131 は甲状腺に溜まりやすく、甲状腺がんを引き起こすことで恐れられていますが、体内に取り込まれてから 1 年たつと約 1/8 になります。ストロンチウム-90 では生物学的半減期が 49.3 年と非常に長くなっていますが、これはストロンチウムが化学的にカルシウムと似た性質なので骨に溜まりやすく、一旦骨に組み込まれるとなかなか排除されないからです。体内に入り込んだこれらの放射性同位元素を早く排泄するには、放射性を持たない安定同位体の摂取により置換する方法が最も有効で、ヨウ素の場合はヨウ素剤と称される安定同位体であるヨウ素 127 を、ヨウ化ナトリウムやヨウ化カリウムの錠剤にしたものを摂取することで、ヨウ素-131 の取り込みを妨げることができます。放射性ヨウ素による被曝が予想されるような事態では、放射性ヨウ素が体内に入る前にヨウ素剤を摂取しておくと有効です。（第 5 章）

参考文献

この本では、基本的には、既成事実として教科書や専門書で明らかになっていることを述べており、直接引用させていただいたものはありませんので、個々の部分で参考文献等は明示しておりません。しかし、次に参考書として示しております本に書かれていることは参考にさせていただいた事柄が多々ありますので、ここに明記し、出版に携わられた関係者には厚く御礼申しあげます。図表等を転載するに当たっては、引用許可を得たもの、公開されて引用許可を必要としないもの、および自作のものに限っております。自作のもの以外では、図の説明の後に、引用文献あるいは出典、またはホームページ（URL）等を明示しています。

これまでに、放射線に関する啓蒙書、教科書、参考書、専門書等が、沢山出版されています。執筆者の立場は、原子力に反対、原子力促進、純粋に学問的立場に立脚しようとするもの等、さまざまです。以下には、なるべく科学的に正しい観点から書かれていると思われるもので、かつなるべく最近出版されたもののうちいくつかを、(a) 啓蒙書、(b) 放射線と放射能、(c) 放射線生物学、(d) 放射線物理、放射化学、(e) 放射線計測、(f) 放射線ホルミシス、(g) 放射線利用に分け、出版された年代順に列記しております。ただし、それらは、必ずしも筆者が勧めるものであるとは限りませんことをご承知おきください。またここには挙げておりませんが、年代が経ていても、参考にすべき良い本が沢山あることもお断りしておきます。

国が発行する物として、環境省による「放射線による健康影響等に関する統一的な基礎資料（平成 27 年度版）」http://www.env.go.jp/chemi/rhm/h27kisoshiryo.html があることを最初に紹介しておきます。

(a) 啓蒙書

飯田 博美、安斎 育郎（著）、絵とき 放射線のやさしい知識、オーム社、1984 年 1 月、ISBN-10: 4274020908、ISBN-13: 978-4274020902

近藤 宗平（著）、人は放射線になぜ弱いか　第 3 版　少しの放射線は心配無用（ブルーバックス）Kindle 版、講談社、1998 年 12 月、ASIN: B00OB7MDVM

舘野 之男（著）、放射線と健康（岩波新書）、岩波書店、2001 年 8 月、ISBN-10: 4004307457、ISBN-13: 978-4004307457

齋藤 勝裕（著）、知っておきたい放射能の基礎知識（サイエンス・アイ新書）、SB クリエイティブ、2011 年 5 月、ISBN-10: 4797365684、ISBN-13: 978-4797365689

多田 順一郎（著）、放射線・放射能がよくわかる本、オーム社、2011 年 7 月、ISBN-10: 4274210626、ISBN-13: 978-4274210624

日本アイソトープ協会（編）、放射線の ABC、日本アイソトープ協会、2011 年 4 月、ISBN-10:

4890732128、ISBN-13: 978-4890732128

野口 邦和 (監)、放射線がよくわかる本 (よくわかる原子力とエネルギー)、ポプラ社、2012年4月、ISBN-10: 459112830X、ISBN-13: 978-4591128305

荒木 力 (著)、放射線被ばくの正しい理解—“放射線”と“放射能”と“放射性物質”はどう違うのか ?、インナービジョン、2012 年 12 月、ISBN-10: 4902131242、ISBN-13: 978-4902131246

日本保健物理学会「暮らしの放射線Q&A活動委員会」(著)、専門家が答える 暮らしの放射線Q&A、朝日出版社、2013 年 7 月、ISBN-10: 4255007276、ISBN-13: 978-4255007274

名取 春彦 (著)、放射線はなぜわかりにくいのか—放射線の健康への影響、わかっていること、わからないこと、あっぷる出版社、2014 年 1 月、ISBN-10: 4871773221、ISBN-13: 978-4871773225

安東 醇 (著)、放射線の世界へようこそ—福島第一原発事故も含めて、通商産業研究社、2014 年 1 月、ISBN-10: 4860450884、ISBN-13: 978-4860450885

菊池 誠 (著), 小峰 公子 (著), おかざき 真里 (イラスト)、いちから聞きたい放射線のほんとう：いま知っておきたい 22 の話、筑摩書房、2014 年 3 月、ISBN-10: 4480860797、ISBN-13: 978-4480860798

落合 栄一郎 (著)、放射能と人体　細胞・分子レベルからみた放射線被曝 (ブルーバックス) Kindle 版、講談社、2014 年 3 月、ASIN: B00JDCI6WA

日本放射線影響学会 (編)、本当のところ教えて！　放射線のリスク—放射線影響研究者からのメッセージ、医療科学社、2015 年 2 月、ISBN-10: 4860034546、ISBN-13: 978-4860034542

(b) 放射線と放射能

佐藤 満彦 (著)、“放射能”は怖いのか—放射線生物学の基礎 (文春新書)、文藝春秋、2001年6月、ISBN-10: 4166601776、ISBN-13: 978-4166601776

佐々木 慎一、森田 洋平、細田 時弘、細谷 淳 (著)、放射線測定と数値の本当の話、宝島社、2011 年 10 月、ISBN-10: 4796686606、ISBN-13: 978-4796686600

薬袋 佳孝、谷田貝 文夫 (著)、今知りたい放射線と放射能—人体への影響と環境でのふるまい、オーム社、2011 年 12 月

John A. Eddy (著)、上出 洋介、宮原 ひろ子 (訳)、太陽活動と地球：生命・環境をつかさどる太陽、丸善出版、2012 年 7 月、ISBN-10: 4621085565、ISBN-13: 978-4621085561

名取 春彦 (著)、放射線はなぜわかりにくいのか—放射線の健康への影響、わかっていること、わからないこと、あっぷる出版社、2014 年 1 月、ISBN-10: 4871773221、ISBN-13: 978-4871773225

落合 栄一郎 (著)、放射能と人体　細胞・分子レベルからみた放射線被曝 (ブルーバックス) Kindle 版、講談社、2014 年 3 月、ASIN: B00JDCI6WA

ロバート ピーター ゲイル、エリック ラックス (著)、朝長 万左男 (監)、放射線と冷静に向き合いたいみなさんへ—世界的権威の特別講義、早川書房、2013年8月、ISBN-10: 4152093935、ISBN-13: 978-4152093936

(c) 放射線生物学

菱田 豊彦（著）、放射線医学と生命の起源（ホット・ノンフィクション―Best Doctor Series）、悠飛社、2004 年 06 月、ISBN-10: 486030053X、ISBN-13: 978-4860300531

日本放射線技術学会（監）、江島 洋介、木村 博（編）、放射線技術学シリーズ 放射線生物学（改訂 2 版）、オーム社、2011 年 11 月、ISBN-10: 4274211193、ISBN-13: 978-4274211195

杉浦 紳之、山西 弘城（著）、放射線生物学（放射線双書）、通商産業研究社（4 訂版）、2013 年 6 月、ISBN-10: 4860450841、ISBN-13: 978-4860450847

窪田 宜夫（著）、新版 放射線生物学、医療科学社、2015 年 12 月、ISBN-10: 4860034651、ISBN-13: 978-4860034658

松本 義久（編集）、人体のメカニズムから学ぶ 放射線生物学、ジカルビュー社、2017 年 2 月、ISBN-10: 4758317259、ISBN-13: 978-4758317252

小松 賢志（著）、現代人のための放射線生物学、京都大学学術出版会、2017 年 3 月、ISBN-10: 4814000847、ISBN-13: 978-4814000845

(d) 放射線物理、放射化学

本文で紹介しておりますように、放射線と人体との相互作用を理解する上で、最も重要なのは、エネルギー量子線と原子や分子との直衝突ではなく、細胞内で電子励起により生成されるイオンやラジカルが引き起こす化学反応、生物反応です。それ故、放射線物理よりも、放射線化学の教科書の方がはるかに多数出版されています。しかしこの本のように、エネルギー変換の観点から書かれているものはほとんどありません。またレーザーの発展が局部的に放射線に匹敵するパワーを与えることができるようになりましたので、ここではあげておりませんが、最近の光化学の教科書も、放射線を理解する上で重要です。

海老原 充（著）、現代放射化学、化学同人、2005 年 12 月、ISBN-10: 4759810447、ISBN-13: 978-4759810448

河村 正一、荒野 泰、川井 恵一、井上 修（著）、放射化学と放射線化学（放射線双書）、通商産業研究社；三訂版、2007 年 3 月、ISBN-10: 4860450167、ISBN-13: 978-4860450168

多田 順一郎（著）、わかりやすい放射線物理学（改訂 2 版）、オーム社、2008 年 2 月、ISBN-10: 4274204944、ISBN-13: 978-4274204944

日本アイソトープ協会（編）、放射線の ABC（改訂版）、日本アイソトープ協会、2011 年 4 月、ISBN-10: 4890732128、ISBN-13: 978-4890732128

鳥居 寛之、小豆川 勝見、渡辺 雄一郎、中川 恵一（著）、放射線を科学的に理解する 基礎からわかる東大教養の講義、丸善出版、2012 年 10 月、ISBN-10: 4621085972、ISBN-13: 978-4621085974

大塚 徳勝、西谷 源展（著）、Q&A 放射線物理（改訂 2 版）、共立出版、2015 年 2 月、ISBN-10: 4320035925、ISBN-13: 978-4320035928

日本放射線技術学会（監）、東 静香、久保 直樹（編集）、放射化学（改訂 3 版）（放射線技術学シ

リーズ)、オーム社、2015 年 11 月、ISBN-10: 4274218147、ISBN-13: 978-4274218149

(e) 放射線計測

宇都宮 泰 (著)、図解入門よくわかる最新線量計の基本と作り方 (How-nual Visual Guide Book)、秀和システム、2013 年 2 月、ISBN-10: 4798037273、ISBN-13: 978-4798037271

日本放射線技術学会 (監修)、西谷 源展、山田 勝彦、前越 久 (編)、放射線技術学シリーズ 放射線計測学 (改訂 2 版)、オーム社、2013 年 11 月、ISBN-10: 4274214699、ISBN-13: 978-4274214691

古野 興平 (著)、放射線測定の基礎、創英社／三省堂書店、2017 年 3 月、ISBN-10: 488142100X、ISBN-13: 978-4881421000

納富 昭弘 (編)、放射線計測学 (医学物理学教科書)、国際文献社、2015 年 3 月、ISBN-10: 4902590417、ISBN-13: 978-4902590418

(f) 放射線ホルミシス

藤野 薫 (編)、大自然の仕組み 放射線ホルミシスの話―身体が身体を治す細胞内自発治癒の時代が来た、せせらぎ出版、2004 年 4 月、ISBN-10: 4884161335、ISBN-13: 978-4884161330

赤松 正雄、中村 仁信 (著)、放射線ホルミシス早わかり：みんな知らない低線量放射線のパワー、Kindle 版、Amazon Services International, Inc.、ASIN: B06ZYWLPDT

須藤 鎮世 (著)、福島へのメッセージ 放射線を怖れないで！(幻冬舎ルネッサンス新書)、幻冬舎、2017 年 2 月、ISBN-10: 434491113X、ISBN-13: 978-4344911130

(g) 放射線利用

医療での利用につきましては沢山の書籍が出版されていますが、ここでは略させていただきます。

飯田 敏行 (著)、先進放射線利用、大阪大学出版会、2005 年 3 月、ISBN-10: 4872591895, ISBN-13: 978-4872591897

日本放射線化学会 (編)、放射線化学のすすめ―電子・イオン・光のビームがくらしを変える、産業をつくる、学会出版センター、2006 年 4 月、ISBN-10: 4762230502、ISBN-13: 978-4762230509

東嶋 和子 (著) 放射線利用の基礎知識 半導体、強化タイヤから品種改良、食品照射まで (ブルーバックス)、講談社、2006 年 10 月、ISBN-10: 4062575183、ISBN-13: 978-4062575188

工藤 久明 (著)、原子力教科書 放射線利用、オーム社、2011 年 2 月、ISBN-10: 4274209849、ISBN-13: 978-4274209840

加留部 善晴 (著)、薬学における放射線・放射性物質の利用 (第 3 版)、京都廣川書店、2012 年 2 月、ISBN-10: 4901789821、ISBN-13: 978-4901789820

索 引

あ行

か行

さ行

た行

な行

は行

ま行

や行

ら行

著者略歴

田辺　哲朗（たなべ　てつお）

1947 年　三重県に生まれる
1970 年　大阪大学工学部原子力工学科卒業
1973 年　大阪大学大学院原子力工学専攻（中途退学）
1973-1995 年　大阪大学（助手-助教授）
1995-2004 年　名古屋大学教授
2004-2012 年　九州大学教授
2012-2017 年　九州大学特任教授
2017 年　大阪市立大学特任教授、現在に至る
工学博士（1977 年）
名古屋大学名誉教授、九州大学名誉教授

エネルギーの視点からみた放射線
— 強くて、恐いけど、怖くない —

2018 年 1 月 25 日　初版発行

著　者　田　辺　哲　朗
発行者　五十川　直　行
発行所　一般財団法人　九州大学出版会
〒814-0001　福岡市早良区百道浜3-8-34
九州大学産学官連携イノベーションプラザ305
電話　092-833-9150
URL　http://kup.or.jp/
印刷・製本／城島印刷株式会社

ISBN978-4-7985-0221-2